PORSCHE

targa

DIE GELEBTE OFFENHEIT

a ramp book

MICHAEL KÖCKRITZ

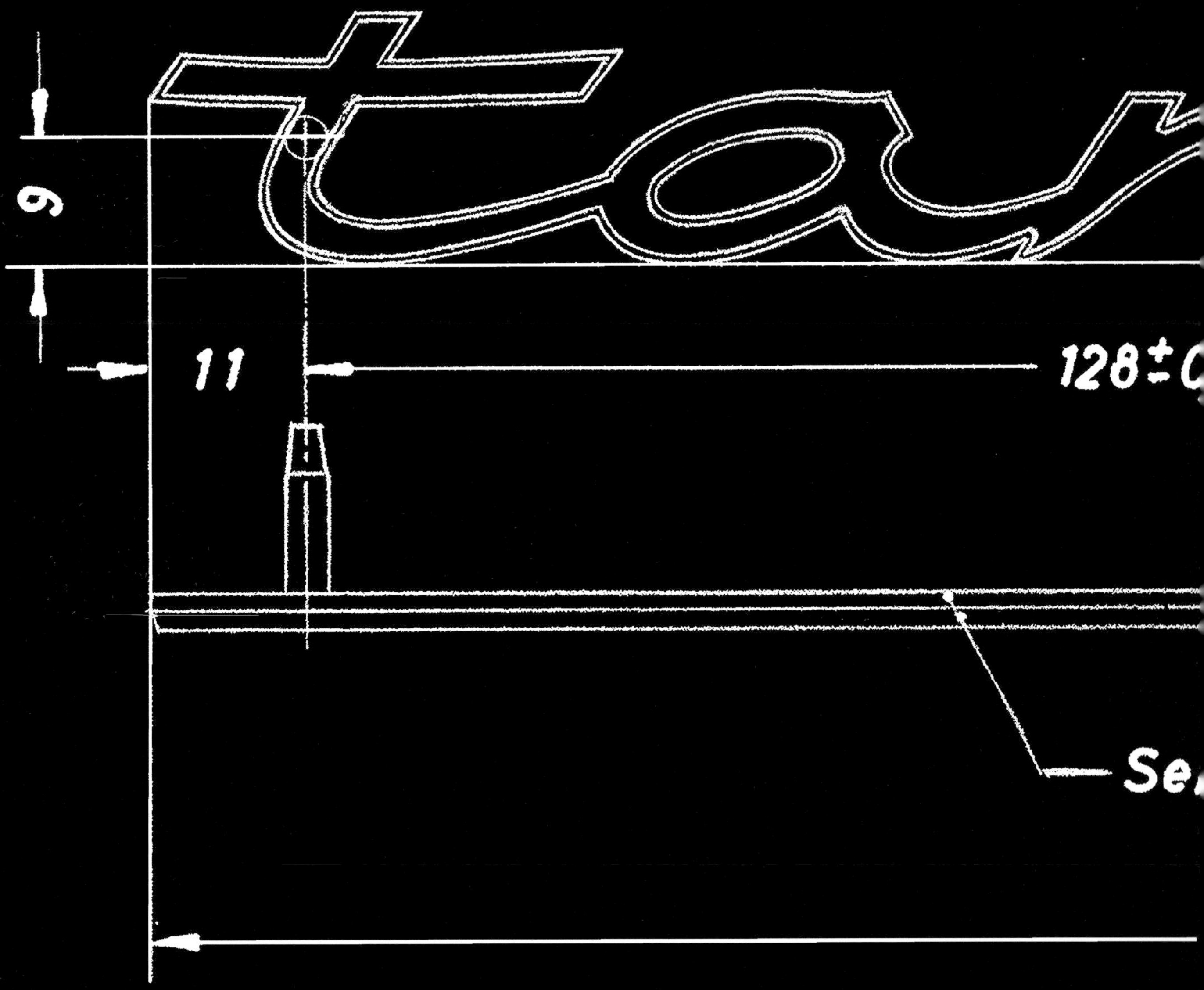

↑ Die technische Zeichnung für den Targa-Schriftzug datiert vom 9. September 1965. Festgelegt wurden hier die genauen Maße für die Position der Steckstifte zur Anbringung an der Karosserie sowie die Flächengestaltung: Die Oberflächen werden in hochglanzpoliert, die Seitenflächen in matt ausgeführt.

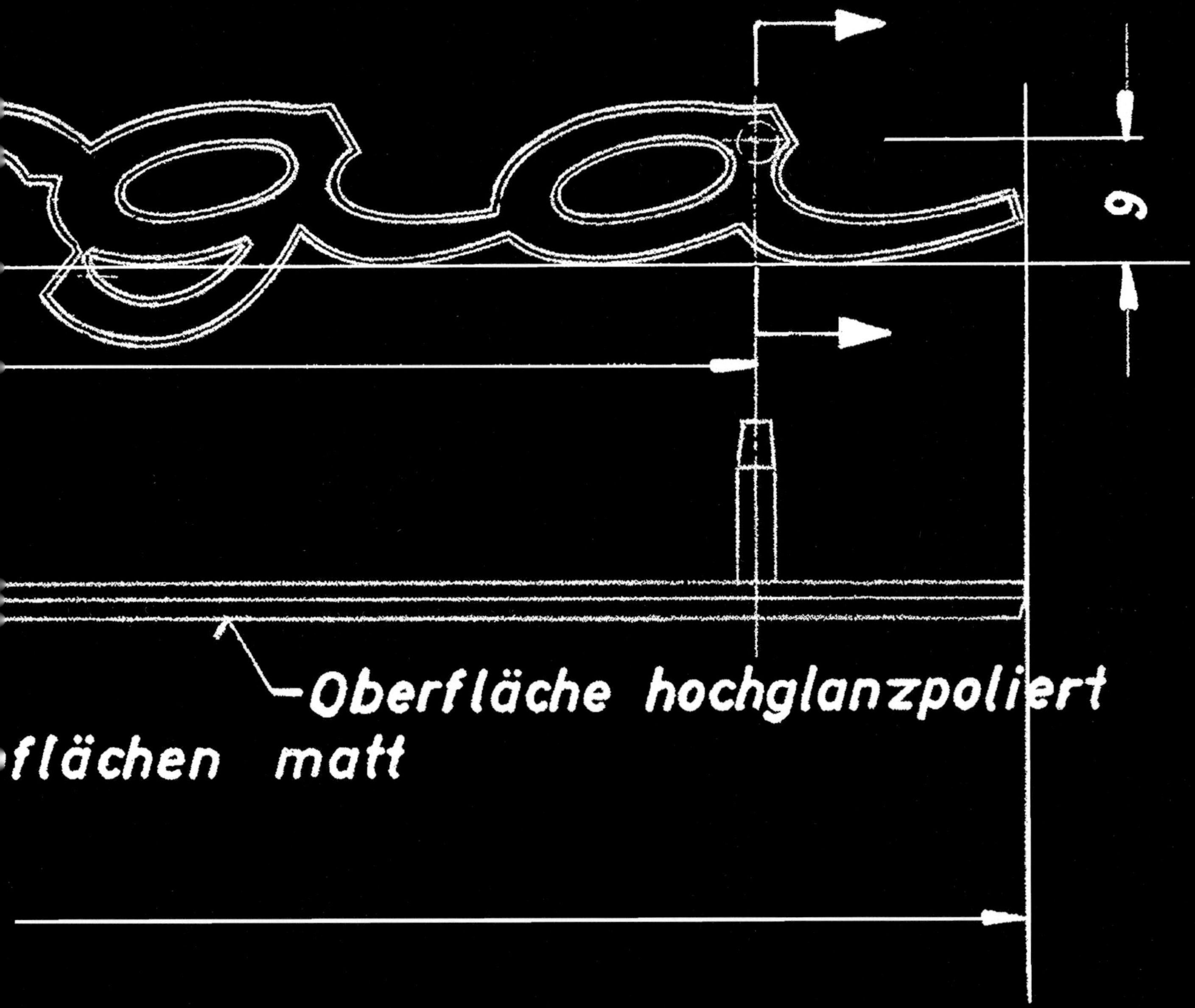

9
Oberfläche hochglanzpoliert
flächen matt

PORSCHE

DER WIND, DER
DURCH DEN
INNENRAUM
ZIEHT, WIRD ZUM
GEGENWIND
DES ALLTAGS.
UND PLÖTZLICH
IST ALLES
WIEDER IM FLUSS.

targa

Evolution 911 Targa

Dr. Ing. h.c. F. Porsche AG · 70435 Stuttgart · Printed in Germany 10/01 · WVK 205 400 02

PORSCHE

PORSCHE
EXPERIENCE CENTER
LEIPZIG

targa

S·GO 4500

S HE 911

PORSCHE DESIGN

POLIZEI
S 302-6

POLIZEI
POLIZEI

TARGA IST KEIN ENTWEDER–ODER, TARGA IST OFFEN FÜR ALLES. EIN BEKENNTNIS ZUR FREIHEIT, SICH NICHT ENTSCHEIDEN ZU MÜSSEN. GIBT ES ETWAS COOLERES?

targa

targa

50
PORSCHE

VEEDOL
S VI 1950

»SICHERHEITS-
CABRIOLET!
WÄRE MERCEDES
ALS ERSTER
DRAUF GEKOMMEN,
HÄTTEN SIE
ES BESTIMMT
SO GENANNT.
SEHR ERNST UND
SEHR DEUTSCH,
WIE SIE DAMALS
NOCH WAREN.«

AUTO BILD KLASSIK

Carrera 2
PORSCHE

FAP-S 123

targa

Targa. The revolutionary roof design by Porsche that has become almost as famous as the car itself. Giving all the fun and freedom of the old "convertible" with the structural integrity of a built-in roll bar. Plus a sturdy year-round roof that's off and in the trunk in seconds. So whether it's the handcrafted, superbly engineered 911, or the thrilling mid-engine 914 2.0, you're assured of unique Porsche handling, unique Porsche styling, and a breath of fresh air when you want it. For that there is no substitute.
PORSCHE
THERE IS NO SUBSTITUTE.

EDITORIAL

Es gibt Ideen, die so selbstverständlich richtig sind, dass sie sich jeder Mode entziehen. Der Porsche Targa ist eine davon.

Dabei ging es beim Targa zunächst einmal darum, eine Lösung zu finden. Eine möglichst gute. Für etwas, das offen wirkt und zugleich Sicherheit verspricht. Mit dem Konzept des Targa präsentierte Porsche dann die nachhaltig beste Antwort – einmal mehr. Denn aus dem jeweils Möglichen das Beste zu machen, war schon in den Sechzigerjahren in Zuffenhausen eine gut eingeübte Tradition. Die damals neuen strengen Sicherheitsanforderungen waren für die genialen Ingenieure weniger Bürde als Herausforderung.

Die Lösung war mehr als technisch clever – sie war eine poetische Antwort auf die Frage, wie man sich öffnen kann, ohne sich zu verlieren. Der Targa war von Beginn an eine Idee, die weit über Technik und Design hinausging: ein Statement dafür, das Offene zu wagen – ohne die Klarheit des Eigenen zu verlieren. Für die Balance zwischen Freiheit und Halt. Frei sein, ohne den Halt zu verlieren – für jenes feine Gleichgewicht, das jedes gute Leben, jedes gute Fahren braucht. Der Targa: von Anfang an ein Widerspruch mit Stil. Kein Coupé. Kein Cabrio. Etwas dazwischen. Ein offener Porsche – aber eben auf Porsche Art: präzise, charaktervoll, eigenständig. Eine Lösung, die so pragmatisch begann und vielleicht gerade deshalb zu einer Ikone wurde. Eine technische Notwendigkeit, gestalterisch genial übersetzt.

Ein markanter Überrollbügel rahmt die Freiheit, das abnehmbare Dach öffnet sie – unmissverständlich, unverwechselbar. Der Targa: ein Porsche in Reinform. Und aus der empathisch-griffigen Modellbezeichnung schärfte sich wie selbstverständlich ein Gattungsbegriff – so wie Tesa oder Tempo.

Wenn man Porsche seit jeher mit dem Satz »There is no substitute« verbindet, gilt das nicht nur für die Marke insgesamt und ihre Sportwagen im Allgemeinen – es trifft ganz besonders auf den Targa zu. Ebenso typisch für Porsche: dass das Prinzip Targa mit konstruktiver und gestalterischer Raffinesse auch jenseits des charakterstarken Bügels immer wieder neu und weitergedacht wurde – bis heute. Kein Wunder also, dass uns die Idee Targa mit all ihren Facetten zu diesem Buch inspiriert hat. Ein Buch, das Sie ebenso gut unterhalten wie inspirieren soll.

Und – im Idealfall – vielleicht auch zu einem Ausflug.

In einem Porsche Targa.

Herzlichst,
Ihr

Michael Köckritz

INHALT

03 INTO THE GREAT WIDE OPEN

Gesucht wurde: eine technische Lösung, die das Offenfahren eines Sportwagens mit dem Bedürfnis nach Sicherheit in Einklang bringt. Gefunden wurde: ein zeitloses Designobjekt, das man zwar durchaus als technische Lösung bezeichnen kann, das aber seit sechs Jahrzehnten vor allem beweist, dass Einfachheit tatsächlich der Schlüssel zu wahrer Eleganz ist.

1 FOREVER YOUNG

DE 1630922

PATENTSCHRIFTNUMMER DES TARGA-DACH-KONZEPTS (1964)

EINFACH WAR ER NICHT, DER WEG ZUM TARGA. DIE ENTWICKLUNG DER OFFENEN 911-INTERPRETATION ERFORDERTE DAMALS VIEL MUT ZU UNGEWÖHNLICHEN ENTSCHEIDUNGEN, DOCH AM ENDE GERIET DIE KOMPLEXE KONSTRUKTION SO EINZIGARTIG WIE GENIAL.

»Etwas völlig Neues« versprach die Pressemitteilung, die Porsche am 1. September 1965 vor der Internationalen Automobilausstellung (IAA) verschickt hatte: »Der ›Targa‹ ist weder ein Cabriolet noch ein Coupé, weder ein Hardtop noch eine Limousine.« Man liest noch heute in diesen Zeilen, wie schwierig es war, diese neue, so ungewohnte Konstruktion griffig zu erklären. Was könnte sexy sein an einem breiten, sperrigen Bügel, der das Offenfahren einschränkt?

Porsche fokussierte daher auf die Vorzüge. Ganz oben stand das Thema Sicherheit. Der Überrollbügel war eine Konstruktion, die für Rennwagen bereits üblich war. Erstmalig integrierte Porsche sie nun serienmäßig in einen offenen Personenwagen. Zudem sei der Neue vier Autos in einem, weil sich mit den Dächern so variabel spielen ließe. »Endlich ein wirklich funktionierendes Hochleistungs-Cabriolet für sicheres und angenehmes Fahren bei jedem Wetter«, pries Porsche in einer Anzeige das neue Konzept an – und ließ keinen Zweifel an seinen Genen: »Ein robustes, im Rennsport entwickeltes Fahrzeug, das für hartes und schnelles Fahren ausgelegt ist.«

← »Abnehmbares Dach für Personenkraftwagen mit einem den Fahrgastraum freistehend überspannenden Rollbügel ...« So werden Porsches Patentansprüche in der Auslegeschrift 16 30 922 formuliert. Wie nüchtern die coolste Karosserieform des 911 im Amtsdeutsch am 22. April 1967 doch klingt.

Porsche hatte das ambitionierte Projekt 901, das als Coupé im September 1963 auf der IAA stand, zwar früh in seiner Entwicklung auch als offene Variante mitgedacht, doch diese dann nicht stringent verfolgt. Dabei wussten sie in Zuffenhausen genau, wie wichtig offene Modelle sind: Den Vorgänger 356 gab es 15 Jahre lang als Cabrio, mit einem Anteil von zeitweise dreißig Prozent – und das in Deutschland! Im wichtigen Exportmarkt USA waren Cabrios ohnehin gefragter gewesen. Dennoch blieb viel Unsicherheit über das richtige Konzept der offenen Variante. Nicht zuletzt waren bei Porsche die Ressourcen knapp, in jeder Hinsicht.

Porsche suchte daher Ende September 1962 Rat bei Karmann, wo bereits Karosserien für die 901-Prototypen entstanden waren. Drei Varianten sollte Karmann evaluieren: ein »Normal-Cabriolet« mit komfortablem Faltverdeck, eine Abwandlung davon mit einem an britische Roadster wie den Triumph TR4 erinnernden Verdeck, das vollständig abnehmbar sein sollte, sowie eine Lösung mit einem festen oder sogar umlegbaren »Schutzbügel« samt demontierbaren Dachteilen – hier taucht die spätere Targa-Lösung bereits konkret auf.

→ Sonderlich euphorisch wirkt Ferdinand Alexander Porsche nicht auf diesem Foto, das ihn am 1:5-Modell eines 911 S Targa zeigt, doch machte sich das lange Ringen um das richtige Karosseriekonzept schnell bezahlt: Der Verkaufserfolg ließ nicht lange auf sich warten.

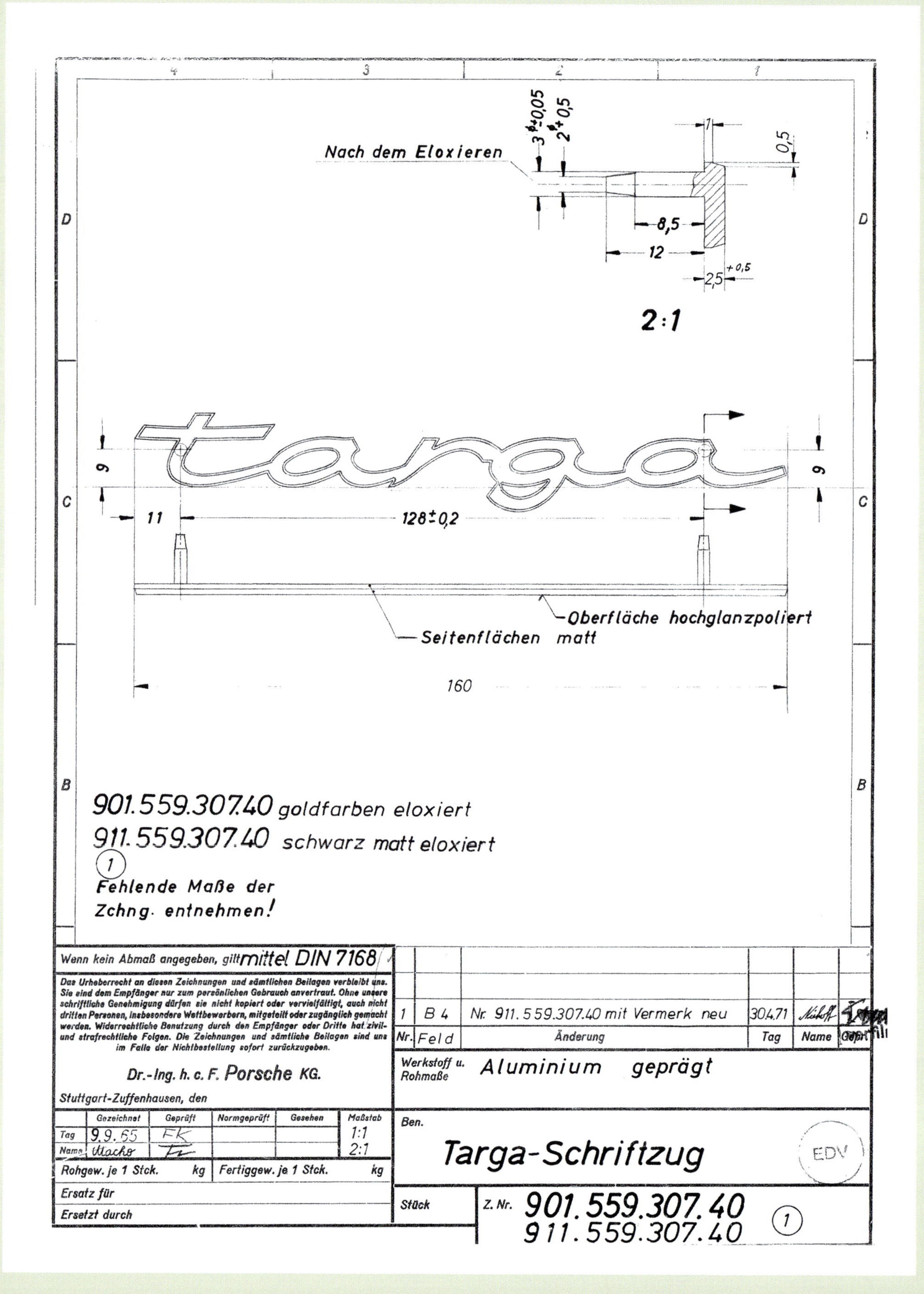
Nach dem Eloxieren
2:1
128±0,2
Oberfläche hochglanzpoliert
Seitenflächen matt
160
901.559.307.40 goldfarben eloxiert
911.559.307.40 schwarz matt eloxiert
Fehlende Maße der Zchng. entnehmen!
Wenn kein Abmaß angegeben, gilt mittel DIN 7168
Das Urheberrecht an diesen Zeichnungen und sämtlichen Beilagen verbleibt uns. Sie sind dem Empfänger nur zum persönlichen Gebrauch anvertraut. Ohne unsere schriftliche Genehmigung dürfen sie nicht kopiert oder vervielfältigt, auch nicht dritten Personen, insbesondere Wettbewerbern, mitgeteilt oder zugänglich gemacht werden. Widerrechtliche Benutzung durch den Empfänger oder Dritte hat zivil- und strafrechtliche Folgen. Die Zeichnungen und sämtliche Beilagen sind uns im Falle der Nichtbestellung sofort zurückzugeben.
Dr.-Ing. h. c. F. Porsche KG.
Stuttgart-Zuffenhausen, den
1 B 4 Nr. 911.559.307.40 mit Vermerk neu 30.4.71
Nr. Feld Änderung Tag Name
Werkstoff u. Rohmaße Aluminium geprägt
Gezeichnet Geprüft Normgeprüft Gesehen Maßstab
Tag 9.9.65 1:1
Name 2:1
Rohgew. je 1 Stck. kg
Fertiggew. je 1 Stck. kg
Ersatz für
Ersetzt durch
Ben.
Targa-Schriftzug
EDV
Stück
Z. Nr. 901.559.307.40
911.559.307.40

Karmann sollte möglichst wenig an der bereits fertigen 901-Karosserie ändern. Bei einer Besprechung in Zuffenhausen nahmen für die Dr. Ing. h.c. F. Porsche KG als Auftraggeber der Technische Direktor Hans Tomala teil, zudem der erfahrene Verdeckkonstrukteur Gerhard Schröder und F. A. Porsche. Ferry Porsches ältester Sohn leitete seit 1962 die neue Abteilung Stilistik. Auch vom Stuttgarter Karosseriewerk Reutter, das Porsche im Dezember 1963 übernehmen sollte, waren zwei Vertreter anwesend.

Ein halbes Jahr später war man bereits etwas weiter. In einer Aktennotiz, die Konstrukteur Fritz Blaschka am 23. Mai 1963 für »Herrn Porsche jr.«, also F. A., verfasste, schilderte er den aktuellen Stand der Überlegungen zu einem »901 Cabriolet«, wie das Projekt intern hieß. Abermals standen drei Möglichkeiten zur Diskussion, die ersten beiden nahmen bereits Bezug auf die Targa-Lösung. Hans Tomala schwebte laut Blaschka ein einfaches Rolldach vor, »ähnlich den Opel-Cabrio-Limousinen von 1933–35«. Zwar würde dabei die Coupé-Karosserie weitgehend beibehalten werden können, allerdings müssten die A-Säulen verstärkt und ein »Rollbügel« ergänzt werden. Die Dachöffnung bliebe klein, auch müsse man mit einer »unsauberen Handhabung« des Verdecks leben.

← Technische Zeichnung des Targa-Schriftzugs mit Steckstiften für die Anbringung am Überrollbügel. Die herrlich geschwungenen Lettern folgen dem Stil des bekannten Carrera-Schriftzugs.

← Ferdinand Alexander Porsche in der Styling-Abteilung mit drei seiner Entwürfe. Das abgesetzte Heck (ganz links) wirkt heute befremdlich, war aber sein Favorit in der Startphase der Gestaltung.

Als zweite Variante notierte Blaschka die Lösung, die F. A. Porsche entworfen hatte und für die es bereits einen Gebrauchsmusterschutz gab: ein »starres, jedoch von Hand leicht lösbares Blechdach«, das im vorderen Kofferraum Platz finden sollte, solange der nicht beladen sei. Dazu bräuchte es dort Fixierungen, allerdings bliebe auch bei dieser Lösung die Dachöffnung recht klein. Immerhin könne die Karosserie in ihrer Struktur und Beplankung weitgehend wie das Coupé ausgeführt werden. Dieser Doktrin musste sich übrigens auch F. A. Porsche beugen. Vehement plädierte er beim offenen 901 für eine Stufe, ein »abgesatteltes Heck«, wie er es nannte. Von Cabrios mit Schrägheck hielt er nicht viel, weil sie weder optisch im Gleichgewicht seien noch ein echtes Roadster-Gefühl vermitteln könnten.

Als dritte Lösung formulierte Fritz Blaschka nochmals ein klassisches Cabriolet, das alleine »alle Annehmlichkeiten« dieser Bauform bieten könne. Hier wären die nötigen Anpassungsarbeiten an der Karosserie deutlich größer, dennoch reduziere sich der Platz bei geöffnetem Dach auf den Notsitzen so stark, dass er höchstens noch Kindern genüge. Auch diese Lösung sah einen Überrollbügel vor, der sogar versenkbar sein sollte – jedenfalls in der Theorie. Es folgten tatsächlich Tests mit einem Fahrmodell, doch die Karosserie blieb unbefriedigend weich.

Von oben nach unten:

Die Zeichnung »Offener Wagen – Windschutzscheibe niedriger – Heck abgesetzt« vom Juni 1964 zeigt den Entwurf, den F. A. Porsche zunächst hübscher fand als die Fließheck-Variante.

»Coupe mit abnehmbarem Stahldach« steht über dieser Zeichnung vom Juni 1963. Die klassische 911-Flyline mit C-Säule wurde hier beibehalten.

Dieser Entwurf eines Cabriolets nach klassischem Konzept aus dem Dezember 1963 wurde aus Stabilitätsgründen früh verworfen.

Mai 1964: Erstmals wird das Targa-Konzept mit feststehendem, noch recht schlankem Bügel deutlich.

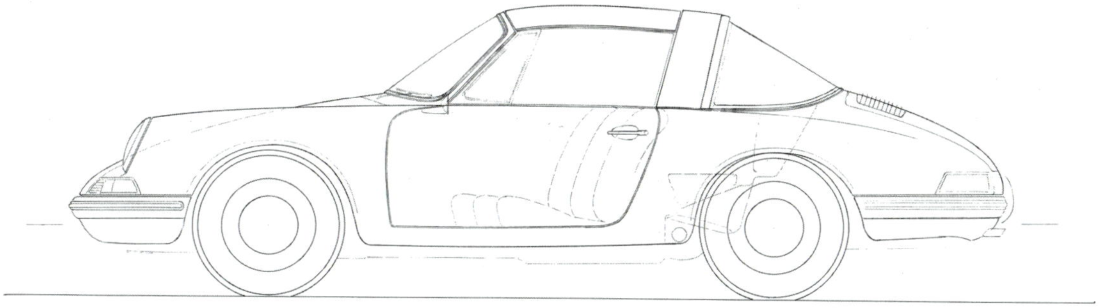

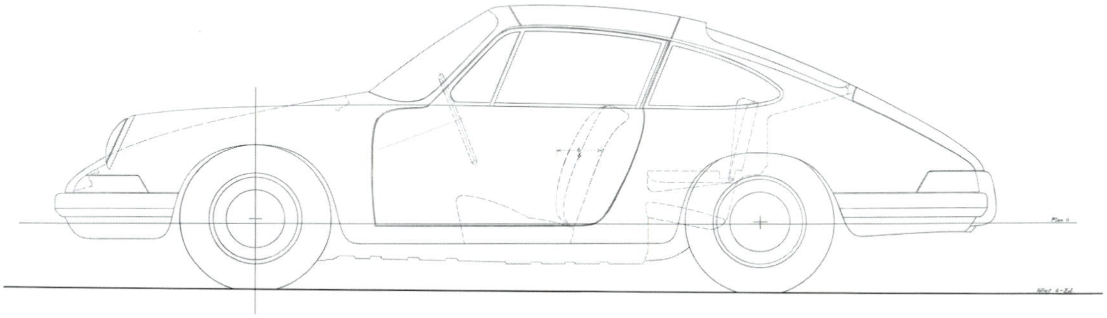

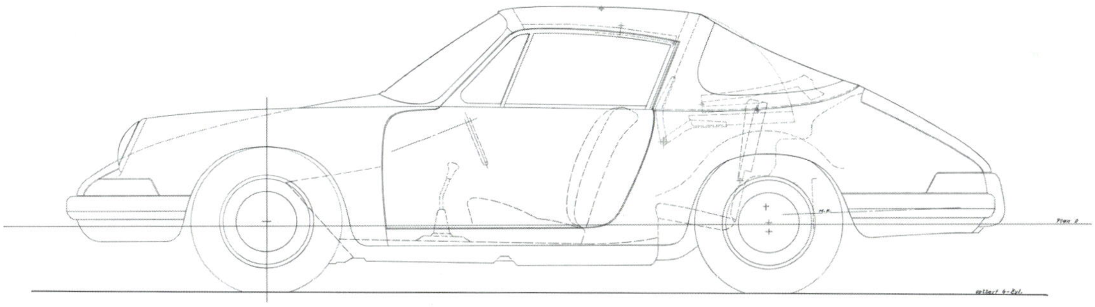

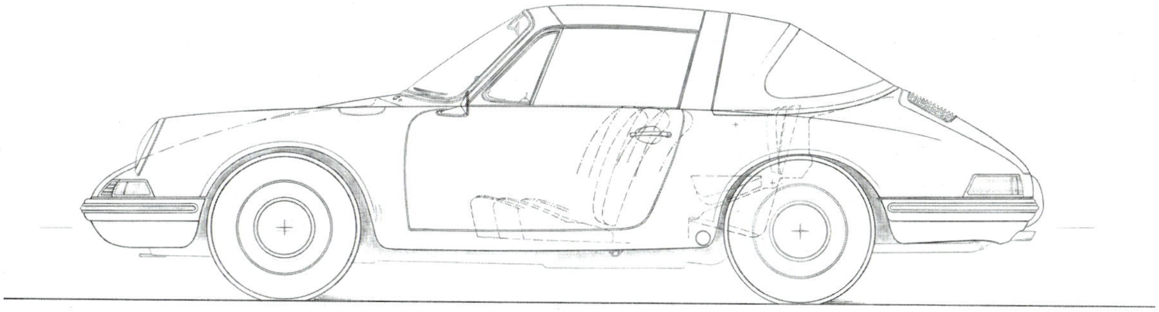

Ende 1963 hatte sich Porsche grundsätzlich entschieden: Ein breiter Überrollbügel für den offenen 901 war, wie von F. A. Porsche gewünscht, nun Konsens, nicht zuletzt, weil er als probates Mittel zur Aussteifung galt. Die Modellabteilung experimentierte mit verschiedenen Spielarten dieser Lösung, um Gestaltung und Ausführung im Detail zu klären. Im Sommer 1964 stand dann ein mit Alublech verkleidetes Holzmodell in Zuffenhausen bereit, der »offene Wagen 901«. Die Attrappe im Maßstab 1:1 nahm optisch das erst zwei Jahre später präsentierte Serienmodell allerdings schon recht präzise vorweg.

Dass Porsche sich so entschieden hatte, beruhte auf mehreren Gründen: Für ein vollständig versenkbares Verdeck fehlte der Raum, doch hoch aufragen – wie es beim Käfer der Fall war – durfte das geöffnete Dach bei einem Sportwagen nicht. Zudem wäre die notwendige zusätzliche Aussteifung der Karosserie sehr aufwendig und schwer geraten. Wichtig war Porsche auch der Blick nach Nordamerika. Jenseits des Atlantiks hatte zu Beginn der Sechzigerjahre die Kritik an unsicheren Autos massiv zugenommen. Ihre populärste Stimme gehörte Ralph Nader, einem aktivistischen Verbraucheranwalt, der die Vorwürfe 1965 in seinem Buch »Unsafe at Any Speed« (deutscher Titel: »Unsicher bei jeder Geschwindigkeit«) publizierte. Die amerikanischen Automobilhersteller setzten fahrlässig Menschenleben aufs Spiel, so sein Vorwurf, weil sie ihre

Modelle längst nicht so sicher konstruierten wie es technisch möglich wäre. Als Todesursache Nummer eins für junge Amerikaner galten damals Verkehrsunfälle – Ralph Nader warf der Industrie gar einen »Massenmord auf Amerikas Straßen« vor. Cabrios standen besonders in der Schusslinie, ihre endgültige Verbannung per Gesetz schien nicht unwahrscheinlich. Porsche wusste also, dass das Cabriolet als begehrte Karosserievariante nur dann eine Renaissance erleben würde, wenn alle Zweifel beim Thema Sicherheit nachhaltig ausgeräumt wären.

Genau das gelang Porsche mit dem ungewohnten Karosseriekonzept, einer schwäbischen, grundsoliden Neuinterpretation des offenen Wagens. Und so umständlich es war, ihn mit seinen Vorzügen zu erklären, so notwendig wie griffig geriet sein Name: Bei der Suche hatten sie in Zuffenhausen zunächst Rennstrecken aufgezählt, schließlich hatte dies 1953 mit »Carrera« bereits hervorragend geklappt, jener Verkürzung des Langstreckenrennens Carrera Panamericana. Für den offenen 901 dachten sie an »Daytona«, »Sebring«, »Nürburg« oder »Monza«, doch alle waren schon vergeben, auch »Bel Air« und der schlichte Begriff »Cabrio« schafften es nicht. Am Ende blieb »Targa Florio« übrig, das harte, populäre Straßenrennen in Sizilien, das Porsche im Jahr 1956 erstmalig gewonnen hatte, dann wieder 1959, 1960 und – damals ganz aktuell – 1963. »Florio« alleine klang zwar seltsam, und man

↑ Im Sommer 1964 stand ein mit Alublech verkleidetes Holzmodell in Zuffenhausen zur finalen Bewertung parat. Es wurde die Grundlage für die finale Entscheidung zum Bügel-Cabrio. Die Attrappe im Maßstab 1:1 stand auf 356-Rädern und zeigte bereits weitgehend die spätere Serienoptik.

befürchtete sogar die Abkürzung auf »Flori«. Dann jedoch schlug der legendäre Inlands-Verkaufsleiter und überzeugte Cabrio-Fan Harald Wagner schließlich die Reduktion auf »Targa« vor – ohne dass jemand realisierte hätte, dass dieses italienische Wort passenderweise auf Deutsch auch Schild bedeutet. Targa war zudem als Begriff nicht nur kurz und prägnant, sondern auch in allen Sprachen problemlos aussprechbar. Der Name war nicht weniger genial als die Konstruktion.

So erfanden sie bei Porsche den Targa: ein sicheres, variables Cabrio, dessen Dach sich bei hohem Tempo nicht aufblähte, wobei auch das nicht von Anfang an gegeben war, sondern zunächst einiges an Entwicklungsnacharbeit erforderte. Anfangs zog es auch heftig im Innenraum, erst aerodynamischer Feinschliff konnte dieses Problem lösen. Letztlich benötigte die Karosserie noch einige – wenn auch nicht viele – zusätzliche Aussteifungen im Bereich der Bodengruppe, das Fahrwerk forderte einige Anpassungen. Bis in die Serie allerdings blieb das Problem erhalten, dass sich die faltbare Heckscheibe unter Temperaturen von 15 Grad nicht mehr schließen lassen wollte. Ab Modelljahr 1969 ersetzte Porsche das Kunststoffteil in der Serie daher durch eine große, eindrucksvoll gebogene Heckscheibe aus Glas.

Noch früher war das faltbare vordere Dachteil entstanden. Es ließ sich variabler verstauen und machte das neue Cabrio-Konzept erst reisetauglich. Die aufwendige Scherenmimik hatte Porsche bereits 1965 zum Patent angemeldet, als Erfinder werden unter dem Aktenzeichen 1455743 Gerhard Schröder und Werner Trenkler genannt. Dass es Gerhard Schröder war, dem es zwei Jahrzehnte später gelang, das Verdeck des 911 Cabriolet in kürzester Zeit konstruktiv auf den Weg zu bringen, ist eine spannende Randnotiz der Geschichte des 911.

Inzwischen gibt es den Targa seit sechs Jahrzehnten. Porsche ist es gelungen, die zu Beginn mitunter missverstandene und sogar verspottete, von Fans aber bald geliebte Idee kongenial in neue Epochen zu tragen. Viel später, 1995, löste ein riesiges Glasdach zum Schieben das Faltverdeck ab, und seit 2014 schlägt ein virtuoser Klappmechanismus den Bogen zwischen Sicherheit, Luxus und optischen Reminiszenzen an die Vergangenheit.

Es hatte nach 1965 nicht lange gedauert, bis der geschützte Name Targa zur landläufig üblichen Gattungsbezeichnung für Autos wurde, die über herausnehmbare Dachteile verfügten. Bis heute hat sich kein anderes Wort gefunden – ein smarteres ohnehin nicht – für diese faszinierende Art, ohne Dach schnell, sicher und komfortabel zu reisen. Wer im Targa noch einen Kompromiss sieht, sollte ihn fahren. Alles Weitere erklärt sich dann von selbst.

BIS HEUTE HAT SICH KEIN ANDE-RES WORT GEFUN-DEN – EIN SMAR-TERES OHNEHIN NICHT – FÜR DIESE FASZINIERENDE ART, OHNE DACH SCHNELL, SICHER UND KOMFOR-TABEL ZU REISEN.

56

← Günter Steckkönig im 914/6 GT bei der Targa Florio 1971. Zusammen mit Willi Kauhsen erreichte er den dritten Rang in der Klasse GT 2.0.

TARGA FLORIO

Als der Großgrundbesitzer Conte Vincenzo Florio 1906 das nach ihm benannte Rundstreckenrennen Targa Florio auf Sizilien ins Leben rief, war das Automobil gerade mal 20 Jahre alt. Es war die Pionierzeit des Motorsports, und das Rennen um den Schild (ital. Targa) des Grafen Florio sollte eines der wichtigsten Rennen weltweit werden – für sieben Jahrzehnte. Definitiv war es eines der forderndsten: Auf ursprünglich drei Runden mit 148, später zehn Runden mit 72 Kilometern galt es, Hunderte von Kurven zu meistern – auf Straßen, die teils nur entfernt etwas mit dem zu tun hatten, was wir heute darunter verstehen. Das ideale Terrain für die 1956 noch junge Sportwagenmarke Porsche, um zu beweisen, dass es auf der Rennstrecke vor allem eines braucht: mehr Ideen pro PS. Bis 1973 errangen die Zuffenhausener elf Gesamtsiege – Rekord.

1906–1977

Manchmal muss man zu seinem Glück überredet werden. So wie Porsche Rennleiter Huschke von Hanstein im Jahr 1956. Beim 1.000-Kilometer-Rennen auf dem Nürburgring feierte der 550 A Spyder seine Rennpremiere mit einem Doppelsieg in der 1,5-Liter-Klasse. Am Steuer des siegreichen Fahrzeugs neben Wolfgang Graf Berghe von Trips: Umberto Maglioli. Der Italiener hatte drei Jahre zuvor die Targa Florio gewonnen und erkannte im auf 135 PS leistungsgesteigerten Mittelmotorsportler aus Zuffenhausen dessen Potenzial für das legendäre Rennen auf Sizilien. Huschke von Hanstein hingegen sah die nackten Zahlen: Die hubraumstarke italienische Konkurrenz brachte teils mehr als doppelt so viel Leistung auf die Straße. Aber Maglioli hatte die passenden Argumente: »Der Spyder ist leicht und wendig. Das ist hier ideal.« Vor allem aber: Es winkte ein stattliches Preisgeld. Davon ließ sich von Hanstein schließlich überzeugen. Zum Glück, muss man sagen. Denn Maglioli gewann tatsächlich. Eine Sensation.

Es war der Triumph einer Idee: Porsche erreichte durch konsequenten Leichtbau ein optimales Leistungsgewicht. Der Sieg auf Sizilien 1956 war damals der wichtigste Erfolg in der noch jungen Firmengeschichte. Zahlreiche weitere folgten: 1959 gingen die Ränge eins bis drei an Porsche, es siegten Edgar Barth und Wolfgang Seidel im 718 RSK. 1960 waren es Joakim Bonnier und Hans Herrmann im 718 RS 60. 1963 gewann das Duo Joakim Bonnier/Carlo-Maria Abate im 718 GTR Coupé mit einem Durchschnittstempo von 104 km/h – ein neuer Streckenrekord. In der Folge dominierte Porsche das Rennen: 1964 siegten Antonio Pucci/Colin Davis im 904 Carrera GTS, 1966 Herbert Müller/Willy Mairesse im 906, 1967 Rolf Stommelen/Paul Hawkins im 910-8, 1968 Vic Elford/Umberto Maglioli im 907-8. Der Erfolg im Jahr 1969 von Gerhard Mitter/Udo Schütz im 600 Kilogramm leichten 908/2 Spyder schließlich legte den Grundstein für den ersten Titel in der Marken-Weltmeisterschaft. 1970 wurde es noch leichter: Der 908/3 brachte gerade mal 545 Kilogramm auf die Waage und Jo Siffert/Brian Redman auf den obersten Podestplatz. Und beim letzten Rennen mit Weltmeisterschaftsstatus 1973 siegten schließlich Gijs van Lennep und Herbert Müller im 911 Carrera RSR.

Das nach dem Rennen benannte Fahrzeug, der 911 Targa, hat übrigens die 72 Kilometer lange Schleife nie als Rennfahrzeug bestritten – Autos mit diesem Dachkonzept aber sehr wohl. Mehrere Privatteams setzten ab 1971 auf den mittelmotorgetriebenen 914/6 GT. Das beste Resultat fuhr dabei das Duo Dieter Schmid/Armando Floridia 1972 für Straehle Autosport ein: neunter Gesamtrang und zweiter Platz in der Klasse GT 2.0.

PICCOLO CIRCUITO DELLE MADONIE

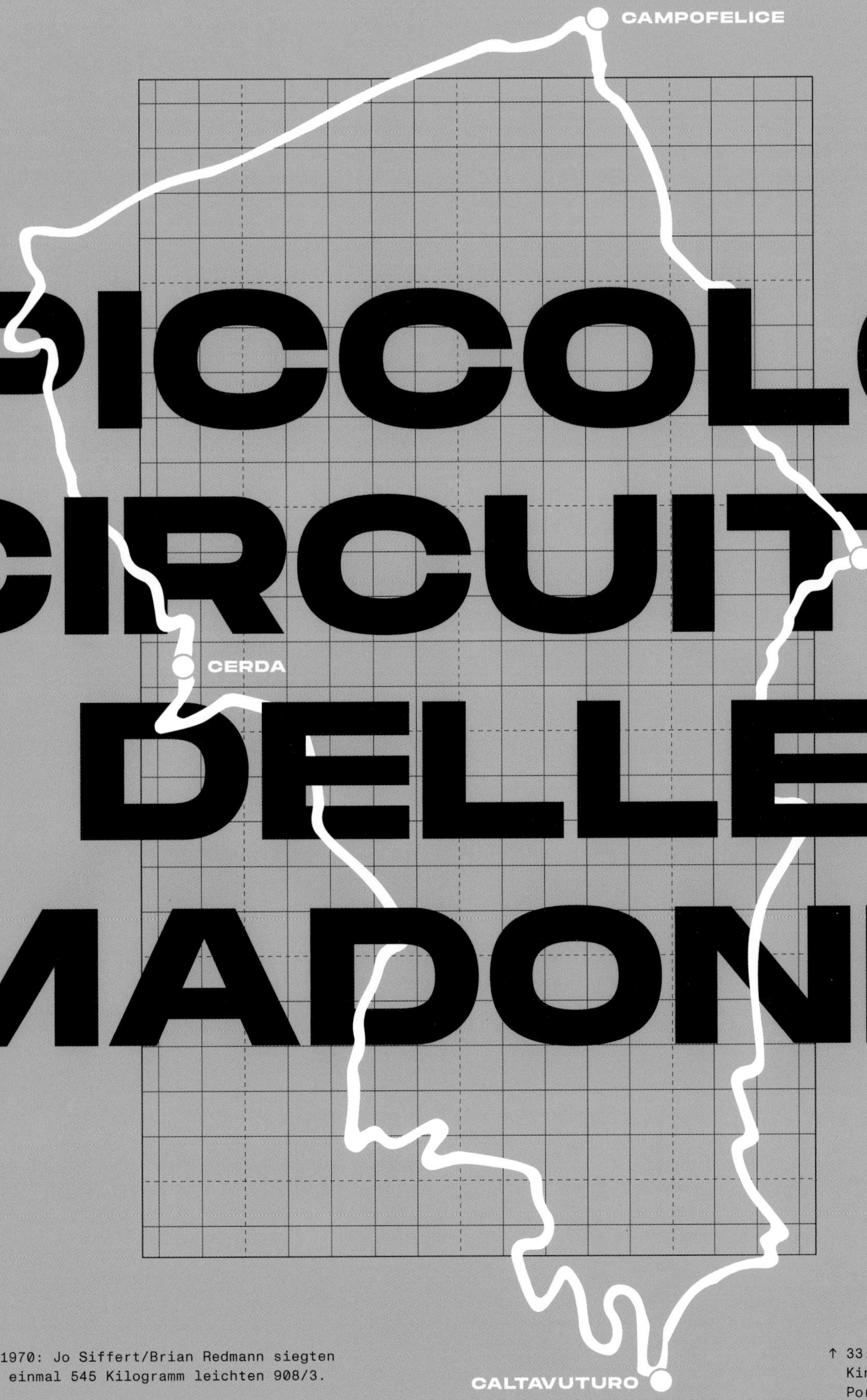

← Targa Florio, 1970: Jo Siffert/Brian Redmann siegten mit dem gerade einmal 545 Kilogramm leichten 908/3.

↑ 33:36 Minuten brauchte Leo Kinnunen 1970 mit dem Porsche 908/3 im Training für die 72 Kilometer des Circuito Piccolo delle Madonie: Rundenrekord!

45 TARGA FLORIO
D
30
WN V 1

← Paul Ernst Strähle auf einem 356 B 1600 GS Carrera GTL Abarth bei der Ausgabe des Jahres 1962. Für ihn war nach fünf von zehn Runden Schluss.

↑ Im Jahr 1969 legten Gerhard Mitter (Foto) und Udo Schütz mit ihrem Gesamtsieg im 908/02 Spyder den Grundstein für den erstmaligen Gewinn der Markenweltmeisterschaft durch Porsche. Das Fahrzeug war auf 600 Kilogramm abgespeckt worden, sogar die Radnaben wurden aus Titan gefertigt.

74

← Günter Klass und Jochen Neerpasch steuerten 1964 einen 356 B 2000 GS Carrera auf den siebten Gesamtrang. Aufgrund seiner markanten Silhouette mit der aus aerodynamischen Gründen fast senkrecht stehenden Heckscheibe wurde das Fahrzeug »Dreikantschaber« genannt.

→ Von 600 auf 545 Kilogramm: Für die Targa Florio 1970 wurde der 908/3 noch einmal erleichtert. Pedro Rodriguez und Leo Kinnunen (Foto) wurden Zweite hinter ihren Teamgefährten Jo Siffert und Brian Redman im baugleichen Fahrzeug.

40

↓ Dass die Targa Florio bis zum ersten Gesamtsieg in Le Mans das wichtigste Rennen für Porsche war, dokumentieren die unzähligen Rennplakate. Nur ein Mal stand dabei nicht Porsche selbst im Mittelpunkt: 1968 widmete Porsche das Plakat seinem siegreichen Fahrer Vic Elford in dessen erfolgreichstem Jahr für das Unternehmen.

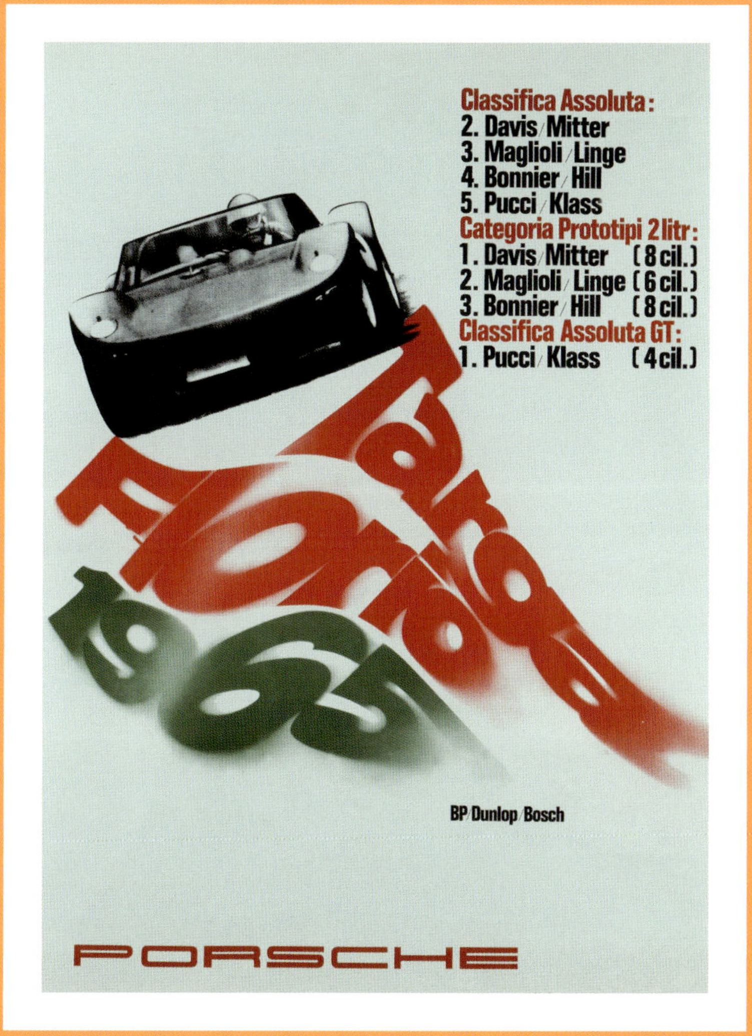
Classifica Assoluta:
2. Davis/Mitter
3. Maglioli/Linge
4. Bonnier/Hill
5. Pucci/Klass
Categoria Prototipi 2 litr:
1. Davis/Mitter (8 cil.)
2. Maglioli/Linge (6 cil.)
3. Bonnier/Hill (8 cil.)
Classifica Assoluta GT:
1. Pucci/Klass (4 cil.)
Targa Florio 1965
BP/Dunlop/Bosch
PORSCHE

1968
TARGA
FLORIO
CLASSIFICA ASSOLUTA
1. ELFORD/MAGLIOLI 907
SPORT
1. BARON WENDT/KAUHSEN 906
GRAN TURISMO
1. HALDI/GREUB 911 S
SHELL/DUNLOP
PORSCHE

LEBENSGEFÜHL
TARGA

DER PORSCHE TARGA: DIE GELEBTE OFFENHEIT

ES GIBT MOMENTE, IN DENEN DAS LEBEN GENAU DIE RICHTIGE TEMPERATUR HAT.

EIN BISSCHEN SONNE, EIN HAUCH FAHRTWIND, DIE WELT RAUSCHT VORBEI – UND ALLES FÜHLT SICH WIE IM GLEICHGEWICHT AN.

Weder zu viel noch zu wenig.

Einfach richtig.

So fühlt sich der Targa an. Und er beschreibt damit mehr als nur ein Auto – er beschreibt ein Lebensgefühl.

Es gibt eben Autos, die sind keine Autos. Sie sind Charaktere. Figuren mit Geschichte, Haltung und Laune. Der Porsche Targa gehört zu dieser seltenen Sorte – halb Coupé, halb Cabrio, ganz Idee.

Er ist das automobile Paradoxon mit Stil: ein bisschen vernünftig, ein bisschen verrückt.

Oder, um es mit einem Zitat zu sagen, das gern Yves Saint Laurent zugeschrieben wird: »Ohne Eleganz der Seele gibt es keine Eleganz des Stils.« Der Targa lebt die automobile Übersetzung dieses Aspekts.

Aber einer kleinen Reihe nach.

DIE KUNST DES DAZWISCHEN

Der Targa lebt im Dazwischen. Zwischen Himmel und Straße, zwischen Kontrolle und Vertrauen, zwischen dem Innen und dem Außen. Er ist nicht offen, aber auch nicht geschlossen. Er lebt von diesem »fast«. Das Dazwischen ist sein Reiz – und seine Philosophie. Friedrich Hegel hätte uns am Beispiel des Targa gleich einmal mit Freude das Prinzip des »Aufhebens« näher erläutert – jene dialektische Bewegung, in der Widersprüche nicht gegeneinander stehen, sondern in eine höhere Einheit übergehen.

Im Targa wird Freiheit konkret. Als Erfahrung. Martin Heidegger hätte das wohl eine »Lichtung« genannt: ein Raum, in dem sich das Sein zeigt, ohne sich festzulegen. Oder psychologisch gesprochen: ein sicherer Ort, an dem man sich öffnen kann, ohne schutzlos zu sein. Der Überrollbügel – das ikonische Design-Markenzeichen – ein Stück Psychologie in Edelstahl. Als Porsche in den Sechzigerjahren den Targa einführte, ging es eigentlich um Sicherheit. Aber unbewusst traf man einen Nerv: den Wunsch nach Freiheit mit Halt. Ein sicherer Rahmen für das Abenteuer.

C. G. Jung hätte vielleicht gesagt: Der Targa ist ein Symbol des Selbst – die Integration der Gegensätze, die den Menschen vollständig macht. Vielleicht fasziniert uns genau das: dass er uns an unsere eigene Ganzheit erinnert, während wir glauben, einfach nur zu fahren.

Das klingt groß, aber es ist in Wahrheit sehr einfach.

FREIHEIT, ABER MIT STIL

Freiheit, das klingt heute oft nach Entgrenzung, nach immer mehr, immer weiter.

Der Targa denkt das anders. Er zeigt, dass Freiheit nicht schrill sein muss – sie darf auch elegant sein. Wie Coco Chanel sagte: »Simplicity is the keynote of all true elegance.« (»Einfachheit ist der Schlüssel zu wahrer Eleganz.«)

Der Targa ist genau das: Einfachheit mit Tiefe.

Man nimmt das Dach ab – und das Leben atmet durch.

Ohne Drama, ohne Pose.

Freiheit heißt hier nicht, alles zu wollen, sondern das Richtige zu genießen.

Freiheit mit Stil.

EIN DACH, DAS MAN WÄHLT

Vielleicht ist das die eigentliche Metapher des Targa:

Das Dach lässt sich abnehmen, aber man muss es nicht. Freiheit ist hier kein Dauerzustand, sondern eine Option. Sie liegt im Können, nicht im Müssen.

Und genau das macht sie so kostbar.

Es ist wie im Leben: Wer ständig alles offen haben will, verliert irgendwann die Form.

Der Targa erinnert daran, dass Offenheit erst dann wirklich wirkt, wenn sie freiwillig ist.

DAS ÖFFNEN — EINE GESTE DER SELBSTBESTIMMUNG

Wenn man das Targadach öffnet, geschieht mehr als Technik. Es ist ein symbolischer Akt. Man öffnet sich – nicht der Welt, sondern sich selbst in ihr. Erich Fromm sprach von Freiheit als »der Kunst, das Eigene zu wählen«. Der Targa erlaubt genau das: Du entscheidest, wann du dich öffnest, wann du dich schützt. Ein Statement gegen Extreme – kein Alles-oder-

C. G. JUNG HÄTTE VIELLEICHT GESAGT: DER TARGA IST EIN SYMBOL DES SELBST — DIE INTEGRATION DER GEGENSÄTZE, DIE DEN MENSCHEN VOLLSTÄNDIG MACHT. VIELLEICHT FASZINIERT UNS GENAU DAS: DASS ER UNS AN UNSERE EIGENE GANZHEIT ERINNERT, WÄHREND WIR GLAUBEN, EINFACH NUR ZU FAHREN.

> **DER TARGA IST DIESER WIDERSPRUCH. ER VERKÖRPERT DAS, WAS PSYCHOLOGEN »KOHÄRENTE IDENTITÄT« NENNEN: DIE FÄHIGKEIT, SICH ZU VERÄNDERN, OHNE SICH ZU VERLIEREN. MODISCHES UND TRENDS GANZ WEIT WEG.**

Nichts, sondern bewusstes Sowohl-als-Auch. In einer Welt zwischen Kontrolle und Kontrollverlust ist das fast therapeutisch. Ein Porsche als Achtsamkeitsübung, der Fahrtwind ein weicher Vermittler zwischen Körper und Welt. Alles auf einer kurvigen Straße und an einem warmen, sonnigen Sommertag? Umso besser!

Man spürt, was der Soziologe und Politikwissenschaftler Hartmut Rosa »Resonanz« nennt: das lebendige In-Beziehung-Sein mit dem, was uns umgibt. Der Targa verwandelt die Welt in einen Dialogpartner. Und den Fahrer in jemanden, der zuhört – mit offenem Dach. In der Psychologie spricht man von »restorative spaces« – Erholungsräumen. Kein Ort der Flucht, sondern der Rückkehr.

DESIGN ALS HALTUNG

Sein Design – klar, ruhig, ikonisch – widerspricht der Zeit.

Seit den Sechzigern im Wesentlichen fast unverändert, bleibt er modern, weil er sich treu bleibt. Er feiert das Jetzt, während er sich an das Bleibende erinnert. Jemand sagte einmal: »Die Schönheit rettet nichts, aber sie widerspricht der Zeit.« Der Targa ist dieser Widerspruch. Er verkörpert das, was Psychologen »kohärente Identität« nennen: die Fähigkeit, sich zu verändern, ohne sich zu verlieren. Modisches und Trends ganz weit weg.

ZWISCHEN HIMMEL UND STRASSE

Der Targa ist das Auto für alle, die weder ständig auf der Flucht noch immer auf der Bremse sind. Er ist das Dazwischen – jener schmale Grat, auf dem sich Freiheit und Gelassenheit die Hand geben. Man fährt nicht, um anzukommen.

Man fährt, um da zu sein. In Bewegung. In Resonanz.

»Musik ist der Raum zwischen den Noten«, hat es Claude Debussy formuliert. Genau dieser Zwischenraum ist der Targa-Moment.

Der Alltag fällt ab. Der Kopf wird still. Das Denken fährt mit, aber im zweiten Gang. Psychologen würden sagen: Flow. Poeten würden sagen: Jetzt.

Denn es ist dieser schmale, flüchtige, perfekte Moment, in dem man spürt, dass Freiheit kein großes Wort braucht. Nur etwas Luft, Asphalt und Bewusstsein.

Das Lebensgefühl Targa ist weniger Geschwindigkeit als Gelassenheit.

Es ist Bewegung ohne Hast, Stil ohne Kalkül. Man könnte sagen: Der Targa ist die automobile Form von »take it easy« – aber präzise, kultiviert und ganz bei sich.

Er ist einfach da – wie ein guter Espresso am Meer, wie die Sonne auf der Haut. Leichtigkeit als Haltung. Man muss sich nur dafür öffnen.

Oder, frei nach Oscar Wilde: »Am Ende wird alles gut. Wenn es nicht gut ist, warst du einfach noch nicht offen genug.«

DAS BEWUSSTE ZULASSEN VON LUFT, LICHT UND LEBEN. EIN SYMBOL FÜR DIE FREIHEIT, SELBST ZU BESTIMMEN, WIE OFFEN MAN SEIN WILL – MIT DER SICHERHEIT, JEDERZEIT ZURÜCKZUKEHREN.

targa

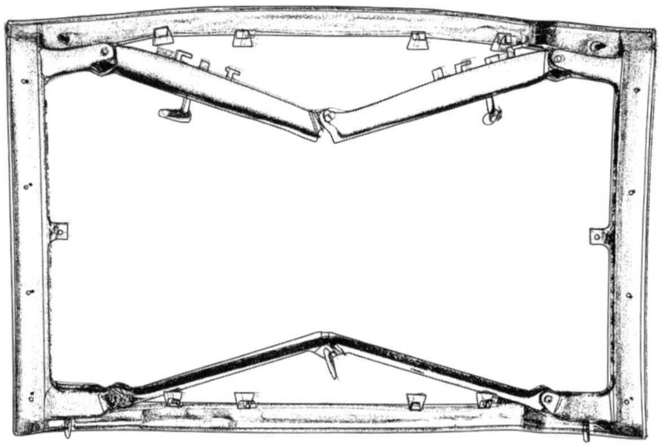

SPINNE

nennt man den feingliedrigen, faltbaren Targa-Dachrahmen der Generationen Ur-Elfer bis 964. Er wurde aus leichtem Magnesium gefertigt, welches nur unter Schutzatmosphäre verarbeitet werden kann, da es in flüssiger Form extrem brennbar ist.

1970 SIND 40 TARGAS BEI DER BELGISCHEN AUTOBAHNPOLIZEI IM EINSATZ.

1985 BESTELLT DIE NIEDER-LÄNDISCHE POLIZEI 60 STÜCK DES 911 TARGA.

POLIZEI! ANHALTEN!

Der 100.000. Sportwagen der Marke Porsche war ein 912 Targa. Das Fahrzeug ging 1966 allerdings nicht an einen Privatkunden, sondern an das Land Baden-Württemberg – als Polizeiausführung mit Blaulicht am Bügel. Es war zugleich der 125. Porsche, der im Dienste der Polizei unterwegs war.

VOM 924 TARGA EXISTIERT NUR EIN PROTOTYP VON 1979 – WEGEN HOHER WERKZEUGKOSTEN UND ZU GERINGER KAROSSERIESTEIFIGKEIT GING ER NIE IN SERIE. HEUTE STEHT DAS EINZELSTÜCK IM PORSCHE MUSEUM.

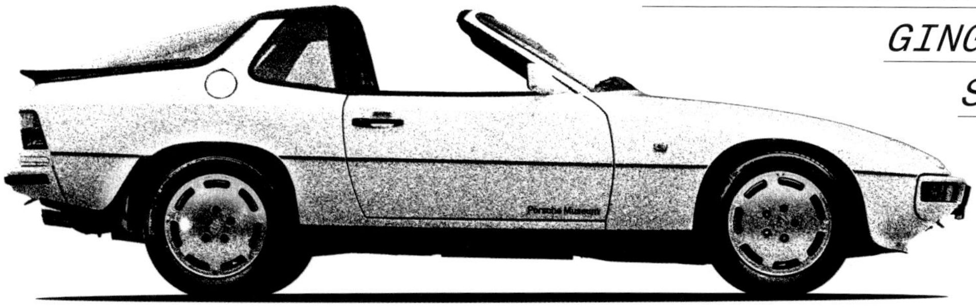

»JETZT GIBT ES EIN AUTOMOBIL, DAS DIE FREIHEIT DES CABRIOLETS MIT DER SICHERHEIT EINES COUPÉS VEREINT.«

Werbeanzeige aus den Sechzigerjahren

»TARGA! EIN NAME, DER KLINGT WIE SAMT UND SEIDE.«

AUTO BILD KLASSIK

875039

Der Begriff »Targa« ist seit dem 12. November 1970 als Wortmarke unter der Registernummer 875039 beim Deutschen Patent- und Markenamt geschützt.

GROTESK

1989 BEKAM FERRY PORSCHE ZU SEINEM 80. GEBURTSTAG DEN PANAMERICANA GESCHENKT, ER HIELT DIE OPTIK FÜR GROTESK. DENNOCH NAHM DAS EINZELSTÜCK OPTISCHE UND KONSTRUKTIVE ELEMENTE DES TARGA DER GENERATION 993 VORWEG.

»ICH FINDE, DASS JEDES CABRIO MIT EINEM STUFENHECK BESSER AUSSIEHT. EIN FASTBACK–CABRIO BEEINTRÄCHTIGT IRGENDWIE DAS VISUELLE GLEICHGEWICHT. ES GAB BISHER NOCH KEIN ERFOLGREICHES HECKMOTOR–CABRIO ALS ECHTES FASTBACK.«

Zweifelnder F. A. Porsche im Rahmen der Targa-Vorstellung auf der IAA 1965

targa

← Die ersten Targa-Modelle trugen eine runde Plakette mit Porsche Wappen auf dem Bügel, anstatt des späteren schwungvollen »targa«-Schriftzugs.

KURZER ERFOLG

IM JAHR DER EINFÜHRUNG 1996 VERKAUFTE SICH DER 911 TARGA DER 993-GENERATION SOGAR BESSER ALS DAS COUPÉ. INSGESAMT WAR ER MIT NUR 4.585 STÜCK DENNOCH DER SELTENSTE 911 TARGA.

FINGERABDRÜCKE

WAREN TATSÄCHLICH EIN THEMA AUF DEM EDELSTAHL-BÜGEL DES TARGA. SO FRAGTE EINE TARGA-FAHRERIN IN DER PORSCHE ZEITSCHRIFT »CHRISTOPHORUS« GAR, OB MAN IHN AUCH MIT SPÜLMITTEL PUTZEN KÖNNE.

NAMENSGEBER

Harald Wagner, Verkaufschef von Porsche und Namensgeber des Targa, fungierte viele Jahre als Kundenbetreuer und gab die Wünsche der Käufer an die Entwicklung weiter. Wagner war so die treibende Kraft hinter Optionen wie einem Schiebedach oder einem Heckscheibenwischer. Zudem etablierte er die Werksabholung in Zuffenhausen. Dem 911 Targa blieb er bis zu seinem Tod im Jahre 2023 übrigens treu.

ALLES DACH

DAS KLASSISCHE TARGA-DACH BESTEHT AUS ETWA 90 TEILEN. FÜR DIE HERSTELLUNG SIND RUND 300 ARBEITSSCHRITTE NOTWENDIG.

→ Gut 33 Prozent aller 911 der ersten Generation (25.429 Stück) wurden mit Targa-Dach geordert.

→ Der meistverkaufte Targa gehört mit 57.371 Exemplaren zur G-Serie ab 1973.

→ Etwa 13 Prozent aller 911-Generationen wurden mit Targa-Dach geordert.

→ Der Aufpreis für das Targa-Dach betrug bei Einführung rund 1.400 D-Mark.

→ Die Glasfläche des Targa-Dachs der Generationen 996 und 997 ist mehr als 1,5 Quadratmeter groß.

→ Das Glasschiebedach des Targa der Generation 997 ist um 1,9 Kilogramm leichter als das des Vorgängers.

»ES IST PORSCHES PRIVILEG, DER ERSTE AUTOMOBIL-HERSTELLER DER WELT ZU SEIN, DER EIN SERIENMODELL MIT ÜBERROLLBÜGEL ANBIETET.«

Porsche Pressemappe 1965 zur Premiere des Targa auf der IAA

40 %

betrug Anfang der Siebzigerjahre der Targa-Anteil unter allen produzierten Porsche Sportwagen.

DIE VIER MÖGLICHKEITEN, EINEN PORSCHE TARGA ZU FAHREN*

1. VÖLLIG OFFEN

Dach abgenommen, Heckscheibe geöffnet, fertig ist das Sicherheits-Vollcabriolet. Vorteil: Man genießt Licht, Luft und Landschaft.

2. OHNE DACH-MITTELSTÜCK

Dach abgenommen, Heckscheibe geschlossen. Es zieht kaum und auch die Fahrgeräusche bleiben weitgehend außen vor, auch jenseits der 120 km/h.

3. OHNE HECKSCHEIBE

Perfekt für Frühling und Sommer. Dach aufsetzen, Heckscheibe öffnen. Wenn's noch ein wenig frisch ist, friert man nicht und im Hochsommer gibt's keinen Sonnenbrand.

4. KOMPLETT GESCHLOSSEN

Dach aufgesetzt, Heckscheibe geschlossen. Machen Targa-Profis aber nur im Winter. Und wenn es in Strömen regnet.

* Aus einem Prospekt von 1966. Diese Möglichkeiten gab es nur beim 911 bis 1968. Ab Modelljahr 1969 wurde der Targa ausschließlich mit fest eingebauter Heckscheibe ausgeliefert.

IN VIER SCHRITTEN ZUM FRISCHLUFTVERGNÜGEN

DAS FALTDACH IST HINTEN MIT ZWEI ZAPFEN IM DACHBÜGEL GELAGERT UND VORNE DURCH ZWEI SCHLÖSSER IM WINDSCHUTZSCHEIBENRAHMEN VERANKERT. DADURCH SOLL ES LAUT BETRIEBSANLEITUNG JEDERZEIT OHNE GROSSE MÜHE ABGENOMMEN WERDEN KÖNNEN. SO GEHT'S:

1. AUSRASTEN

Für die Schlösser im Windschutzscheibenrahmen müssen erst zwei Bediengriffe bis zum Einrasten eingesetzt und schließlich bis zum Anschlag gedreht werden.

2. ABNEHMEN

Ist der Anschlag erreicht, kann das Faltdach leicht mit der Hand angehoben und schließlich von außen nach vorne herausgezogen werden.

3. FALTEN

Zum Zusammenfalten stellt man das Dach mit der hinteren Kante am besten auf eine weiche Unterlage, zum Beispiel die Fußspitzen, und drückt beide Spriegel in der Mitte zusammen.

4. VERSTAUEN

Das Dach wird schließlich durch leichten seitlichen Druck gänzlich zusammengeschoben und kann ohne große Mühe im Fahrzeug verstaut werden.

Dem Targa geht es ähnlich wie der gesamten Baureihe 911: Egal welche Generation, sie ist eindeutig als Elfer zu erkennen. Gilt auch für das Sicherheitscabriolet. Wobei ein paar der Familienmitglieder so ihre eigenen Vorstellungen von Stil hatten. Dafür machte das Targa-Konzept auch in der nahen Verwandtschaft Schule.

WE ARE FAMILY

TIMELINE

1965

UR-911

1973

G-SERIE

1989

964

1995

993

Eine Idee mit drei Variationen in acht Generationen: Auch so ein Sicherheitsbügel genanntes Bauteil kann auf unterschiedliche Weise interpretiert werden. Das ist beim Targa-Bügel sozusagen serienmäßig im Grundkonzept verankert – denn neben der garantierten Fahrsicherheit steht es vor allem für Offenheit.

2001

996

2006

997

2014

991

2020

992

Continental Reifen
RENNDIENST
BP
BP
20
19
18

← Der Motorsport als Entwicklungslabor für die Serie: Auch beim 911 Targa fand dieses Prinzip Anwendung. In einer Mitteilung vom 6. September 1965 legte die Unternehmenskommunikation größten Wert darauf festzustellen, dass es Porsche vorbehalten sei, »als erstes Automobilwerk der Welt diesen Sicherheitsbügel der Serienproduktion zugänglich zu machen«. Bis dahin fand er nämlich ausschließlich Verwendung bei Grand-Prix-Wagen und Prototypen.

UR—911

Bereits bevor der 911 das Licht der Weltöffentlichkeit erblickte, beschäftigte sich Porsche intensiv mit einer offenen Karosserievariante für das neue Modell. Dass Porsche hierbei nicht nur großen Wert auf die für seine Sportwagen typischen Eigenschaften legte, sondern sich auch frühzeitig mit gesellschaftlichen Entwicklungen beschäftigte, führte schließlich zu einer Lösung, die schnell eine breite Käuferschicht fand.

BAUZEIT	*PREIS*	*LEISTUNG*	*STÜCKZAHL 911 (912)*
1966–1973	*20.380–35.700 DM*	*110–190 PS (81–140 KW)*	*25.429 (2.562)*

LEICHTBAU ALS OBERSTE PRÄMISSE: SO WURDE DER TARGA-DACHRAHMEN IN MAGNESIUM ALS LEICHTESTMÖGLICHEM WERKSTOFF AUSGEFÜHRT, UM DEN FAHRZEUG-SCHWERPUNKT SO TIEF WIE MÖGLICH ZU HALTEN.

Dass Porsche mit pfiffigen Ideen der Konkurrenz häufig um mehr als eine Nasenlänge voraus war, hatte das Unternehmen bereits oft genug auf der Rennstrecke bewiesen, als es auch 1965 in Sachen automobiler Lifestyle vorneweg fuhr. Zwei Monate bevor der Verbraucheranwalt Ralph Nader mit seinem Buch »Unsafe at Any Speed« die in den USA bis dahin schwelende Sicherheitsdebatte um die Automobilindustrie erst richtig lostrat, hatte Porsche mit der Weltpremiere des 911 Targa auf der IAA 1965 bereits die Antwort auf Naders Kritik an Cabriolets präsentiert: ein Sicherheitscabriolet mit feststehendem Überrollbügel, wie er bis dahin nur im Motorsport Verwendung fand.

Ab Herbst 1966 ergänzte der Targa beim 911, 911 S und 912 das bisherige Coupé im Modellprogramm, in den Folgejahren dann auch bei den Versionen 911 E und 911 T. Porsche warb dabei nicht nur mit Sicherheitsaspekten, sondern auch mit der Variabilität seines Konzepts. Das herausnehmbare Faltdach und die herunterklappbare Kunststoffheckscheibe ermöglichten das automobile Frischluftvergnügen in den vier Varianten komplett geschlossen, völlig offen oder jeweils nur mit herausgenommenem Dachmittelstück oder heruntergeklappter Heckscheibe.

Dieser Variantenreichtum fand allerdings bald ein Ende – bereits im Spätsommer 1967 bot Porsche auf Wunsch auch eine fest eingebaute, beheizbare Heckscheibe aus Sicherheitsglas an. Mitte 1969 wurde das Softwindow ganz aus dem Serienprogramm genommen, war aber für kurze Zeit noch auf Wunsch erhältlich. Der Kunststoff des Softwindow hatte nämlich die lästige Eigenschaft, sich bei kalten Temperaturen zusammenzuziehen. Selbst Porsche empfahl, die hintere Abdeckung bei weniger als 15 Grad Celsius geschlossen zu halten. Andernfalls war es fraglich, ob sie auch wieder zuging.

Ansonsten erfreute sich das Targa-Prinzip größter Beliebtheit: Vom Ur-Modell verließ bis zum Produktionsende 1973 jedes dritte Fahrzeug in der Karosserievariante Targa das Werk. Dazu trug auch bei, dass Porsche von Beginn der Entwicklung an die Sportwageneigenschaften dieser Karosserievariante im Fokus behielt: Unter anderem wurde durch Verwendung des leichtestmöglichen Werkstoffes Magnesium für den Targadachrahmen der Schwerpunkt des Fahrzeugs maximal niedrig gehalten. Und der Bügel aus gebürstetem Nirosta-Stahl selbst galt schnell als sportliches Design-Statement.

Und selbst das nicht optimale Softwindow feiert heutzutage eine Renaissance: Aufgrund der vergleichsweise geringen Stückzahl sind diese frühen Targa-Modelle unter Klassikerfreunden eine gesuchte Rarität.

← Lifestyle hin, Frischluft her – in Sachen Fahrerzentrierung änderte sich mit der neuen Karosserievariante nichts: Das Zündschloss blieb links und der Drehzahlmesser das zentrale Cockpit-Instrument.

→ Mit Schwung durch die Stuttgarter Innenstadt: Der 911 S Targa war 1966 mit seinen 160 PS und einer Spitzengeschwindigkeit von 225 km/h das schnellste Auto für Sonnenanbeter.

Pelz-Paul
S-R 2062

1965

»BOND, JAMES BOND«

Im Dezember 1965 lief »James Bond – Feuerball« (Originaltitel: Thunderball) weltweit in den Kinos an, der vierte Film der offiziellen Bond-Reihe. Sean Connery kämpft darin als Agent 007 gegen die Terrororganisation SPECTRE. Neben dem Raketenrucksack, den der britische Spion als Fortbewegungsmittel nutzt, taucht auch der heute berühmte Aston Martin DB5 wieder auf, der schon in »Goldfinger« zu sehen war. »Feuerball« zeichnete sich insbesondere durch die aufwendigen Unterwasser-Szenen aus, später wurde der Film auch mit einem Oscar für die besten visuellen Effekte ausgezeichnet.

Rund 9 Millionen US-Dollar kostete »Feuerball«, eine heute geradezu lächerlich klein anmutende Summe. Dafür spielte er weltweit 141 Millionen US-Dollar ein und blieb bis »Skyfall« der erfolgreichste Bond-Film. Obwohl der Film damals eher mäßige Kritiken erhielt, gilt er heute als einer der besten Bond-Filme.

Gesellschaftlich spiegelte »Feuerball« das Lebensgefühl der Sechzigerjahre wider: Aufbruch, technischer Fortschritt und die Faszination für Luxus, Reisen und Abenteuer. Was damals niemand ahnen konnte: dass die James-Bond-Reihe eine der erfolgreichsten und langlebigsten Kinoserien aller Zeiten werden würde. Das Erfolgsrezept bis heute: Die Melange aus der Kunst, dass in den Drehbüchern stets die großen weltpolitischen Ängste aufgegriffen werden und der hervorragenden Unterhaltung, bestehend aus Spannung, Action, schnellen Autos, Bond-Girls, spektakulären Schauplätzen und High-Tech-Gadgets. Und dann ist da noch die Wiedererkennbarkeit: Jeder Bond-Film lebt von den klassischen Elementen wie dem Satz »Bond, James Bond«, bekanntem Personal wie Miss Moneypenny oder Markenzeichen wie dem geschüttelten, nicht gerührten Martini.

BMT 216A

S EH 7867

← Es war die Elfer-Generation, die am längsten produziert wurde: Zwischen September 1973 und Juli 1989 verließen insgesamt 196.397 Modelle der G-Serie das Werk in Zuffenhausen, mehr als ein Viertel davon in der Karosserievariante Targa.

G–SERIE

Der 911 entwickelte sich mit der G-Serie weiter, das Targa-Konzept aber blieb, wie es war. Mit der Ausnahme, dass der Targa-Bügel nun auch in Schwarz erhältlich war und dass zu Anfang der Serie mit einem festen Kunststoffdach experimentiert wurde – das aber bald schon wieder Geschichte war.

BAUZEIT	*PREIS*	*LEISTUNG*	*STÜCKZAHL*
1973–1989	*28.980–146.000 DM*	*150–300 PS (110–221 KW)*	*57.371*

FRISCHLUFT-KONKURRENZ AUS DEM EIGENEN HAUS: MIT DEM 911 SC CABRIOLET GAB ES VON 1983 AN WIEDER EINEN VOLLSTÄNDIG OFFEN ZU FAHRENDEN PORSCHE. DER BELIEBTHEIT DES TARGA TAT DAS ABER KEINEN ABBRUCH.

Eine neue Generation 911 betrat die Bühne, der Targa aber blieb unverändert. Zehn Jahre nach seiner Weltpremiere hatten die Porsche Ingenieure den Elfer gründlich überarbeitet. Das sogenannte »G-Modell« wurde von 1973 bis 1989 gebaut – so lange wie keine andere Elfer-Generation. Markant im Design waren vor allem die Faltenbalg-Stoßstangen – eine Innovation, um den damals neuesten Crashtest-Bedingungen der USA gerecht zu werden. Sie sind in der Lage, Stöße bis zu einer Geschwindigkeit von 8 km/h ohne Beschädigungen an der Karosserie aufzunehmen. Bei Modellen, die nicht für den US-Markt bestimmt waren, waren allerdings anstelle der hydraulischen Pralldämpfer günstigere Prallrohre verbaut worden. Serienmäßige Dreipunkt-Sicherheitsgurte sowie Sitze mit integrierter Kopfstütze sorgten in jedem Fall für erhöhten Insassenschutz.

Das passte dann wunderbar zur Philosophie des Sicherheitscabriolets Targa, es blieb fester Bestandteil des Lieferprogramms. An der technischen Konzeption des Targa-Dachs änderte sich ohnehin nichts, wohl aber am optischen Erscheinungsbild: Den vormals in langlebigem, gebürstetem Edelstahl gehaltenen Targa-Bügel gab es nun auch in Schwarz. Und zum Start der G-Serie stattete Porsche den Targa mit einem Dach aus festem Kunststoff aus, das vom Ur-Modell bekannte Faltdach blieb gegen Aufpreis als Sonderwunsch lieferbar – was allerdings schnell korrigiert wurde.

Vor allem aber bekam der Targa von Januar 1983 an Frischluft-Konkurrenz in der eigenen Baureihe: Mit dem 911 SC Cabriolet war nun erstmals wieder ein vollständig offen zu fahrender Porsche im Programm, dessen Rohkarosse vom Targa abgeleitet wurde. Der Targa blieb aber trotzdem eine feste Größe. Auch als Porsche 1989 zum Ende der Produktionszeit der G-Serie an einen Mythos seiner Modellgeschichte anknüpfte und erstmals einen 911 Speedster auf den Markt brachte – der wurde aber ohnehin sofort zum Sammlerobjekt.

Dabei gab es zu diesem Zeitpunkt bereits eine Variante des Targa, die mit wenigen hundert Exemplaren bis heute eine Rarität darstellt: der 911 Turbo Targa. Mit 300 PS Leistung war er bei seiner Einführung 1987 das bis dahin stärkste Sicherheitscabriolet der Marke und erreichte eine Höchstgeschwindigkeit von 260 km/h.

↑ Bewährte Technik: Zu Beginn der G-Serie war das Faltdach nur noch als Sonderwunsch gegen Aufpreis erhältlich. Das wurde aber schnell wieder korrigiert.

↑ Der Targabügel in gebürstetem Nirosta-Stahl bekam im Laufe der G-Serie Zuwachs in Form eines schwarz lackierten Bügels.

↑ Die Stoßfänger mit ihren schwarzen Faltenbälgen an den Seiten waren das auffälligste Erkennungsmerkmal des G-Modells. Das Targa-Konzept selbst blieb unverändert.

1973

DIE WELT IN DER HAND

Am 3. April 1973 stand Martin Cooper, Ingenieur bei Motorola, auf der Sixth Avenue in New York und tat etwas, das die Welt verändern sollte: Er rief jemanden mit seinem Mobiltelefon an. Bei dem DynaTAC handelte es sich um einen 1,1 Kilogramm schweren Prototypen in Ziegelstein-Form mit einer Batterie, die etwa 25 Minuten hielt. Cooper klingelte bei seinem Konkurrenten Joel Engel von AT&T durch, um zu beweisen, dass mobiles Telefonieren möglich war. Sicherlich war das DynaTAC weit entfernt von der Eleganz moderner Smartphones, doch es war der Auftakt zu einer Revolution, die Kommunikation, Arbeitswelt und soziale Strukturen grundlegend verändern sollte. Die Technologie eröffnete erstmals die Möglichkeit, überall erreichbar zu sein – ohne Kabel. Zwar war Coopers Anruf ein Signal für die Zukunft, die Probleme, mit denen man sich von nun an zu beschäftigen hatte, klingen allerdings recht gegenwärtig: Motorola kämpfte mit der Akkulaufzeit und der Netzabdeckung.

Erst Jahrzehnte später, mit dem Start des iPhone 2007, wurde der Traum eines leistungsfähigen, handlichen und multifunktionalen Geräts Wirklichkeit. Steve Jobs habe das Smartphone zwar nicht erfunden, es aber benutzbar gemacht – und werde dafür zu Recht verehrt, sagte Cooper später in einem Interview. Smartphones haben nicht nur die Art verändert, wie wir telefonieren; sie haben soziale Interaktionen, Wirtschaft und Kultur transformiert, von der sofortigen Erreichbarkeit bis hin zu Apps, die Arbeit, Unterhaltung und Lernen neu strukturieren.

Martin Cooper arbeitete 29 Jahre für Motorola und leitete die Mobile Systems Group. Später gründete er zusammen mit seiner Frau Arlene Harris mehrere Unternehmen, darunter Dyna LLC, ein Technologieunternehmen mit Sitz in Kalifornien, dessen Vorsitzender er – im Alter von 96 Jahren – noch immer ist. Was die übermäßige Nutzung von Mobiltelefonen anging, sagt er mal: »Jede Generation wird schlauer. Die Menschen werden lernen, das Handy effizienter zu nutzen. Menschen bekommen alles irgendwann raus.«

← Schlichte Schönheit: Die Bügelkonstruktion mit Glaskuppel fügte sich auch in der dritten 911-Generation harmonisch ein – obwohl sie sich seit 1967 nicht wesentlich verändert hatte.

964

Während sich an der Karosserieform nur wenig änderte, passierte darunter jede Menge: Rund 85 Prozent aller Teile wurden erneuert – eine notwendige Frischzellenkur, war die G-Serie doch in die Jahre gekommen. An Bewährtem wurde aber festgehalten, so auch am Konzept der Targa-Dachkonstruktion.

BAUZEIT	*PREIS*	*LEISTUNG*	*STÜCKZAHL*
1989–1993	*108.700–145.410 DM*	*250 PS (184 KW)*	*4.863*

Neun Jahre lang hatte der Targa der G-Serie die Frischluftbühne ganz für sich – sein Nachfolger musste sie von Beginn an mit dem Vollcabrio teilen. Der Blick auf die Verkaufszahlen des dritten Targa zeigt auch, wie schwer sich der Bügel-Elfer tat: 4.863 Targas stehen knapp 16.000 Cabrios gegenüber. Dabei lag der Targa-Aufpreis gegenüber dem Coupé bei schlanken 5.000 Mark, für das Cabrio dagegen mussten noch weitere 10.000 DM berappt werden. Die Vorteile des Targa-Konzepts – günstiger, steifer, sicherer, mit besserer Rundumsicht – schienen Ende der Achtziger, Anfang der Neunziger nicht sexy genug zu sein. Offenheit war generell en vogue, auch beim Fahren konnte es nicht freizügig genug zugehen. Dazu steigerte die elektrische Verdeckbetätigung des Vollcabrios den Komfort, ohne Stauraum zu kosten. Beim Targa blieb es bei der bekannten Mechanik der G-Serie von 1986.

Die Weiterentwicklung des 911 war umfassend, optisch am prägnantesten der Wegfall der Faltenbalg-Stoßfänger. Die vollflächigen Schürzen und das Heckleuchtenband fügten sich flüssiger in die Karosserie ein, eine Schwellerverkleidung und 16-Zoll-Räder trugen zum modernen Gesamteindruck bei. Es blieb aber nicht nur bei der Optik. Erstmals war der 911 auf Wunsch mit Allradantrieb und dem Automatikgetriebe Tiptronic verfügbar – auch der Targa. Servolenkung, ABS und Airbag (ab 1991) kamen in Serie. Der auf 3,6 Liter vergrößerte Boxermotor zündete doppelt und mobilisierte, stets mit (Metall-)Katalysator, 250 PS. Dank ausgefeilter Aerodynamik inklusive aufstellbarem Heckspoiler ging's mit bis zu 260 km/h vorwärts. Das Fahrwerk wurde grundlegend überarbeitet, erstmals rundum mit Federbeinen statt Drehstäben. Im Interieur ging es deutlich feiner zu – wenn auch erst auf den zweiten Blick: Die Klimaregelung war intuitiver, die Heizleistung stärker, die Instrumentierung mit Durchlichttechnik im Dunkeln besser ablesbar. Trotz angespannter finanzieller Lage Ende der Achtziger betrieben die Entwickler in Zuffenhausen einen immensen Aufwand. 85 Prozent der Teile wurden neu entwickelt oder optimiert – nur das Targa-Konzept blieb unberührt.

Was den Bügel-Elfer heute besonders macht: Der 964 ist der letzte Porsche mit klassischem Targa-Konzept. Es ist die Kombination des hochentwickelten Elfers mit der simplen wie genialen Dachmechanik, die den Reiz dieser Generation ausmacht.

HOCHENTWICKELTER ELFER IN VERBINDUNG MIT DER SIMPLEN WIE GENIALEN DACHMECHANIK – EIN GANZ BESONDERER REIZ!

↑ Zusammengefaltet ist das Targa-Dach noch halb so groß, nahm im Bug nur unwesentlich Raum ein. Vornehm wegsortiert: Warndreieck und Bordwerkzeug.

→ Klassische schlanke Elfer-Form. Die Aerodynamik beim 964 verbesserte sich deutlich auf den c_W-Wert 0,32, die Karosseriebreite war bei Heck- und Allradvariante identisch.

1989

WIR SIND DAS VOLK

Am späten Abend des 9. November 1989 öffneten DDR-Grenzsoldaten die Schlagbäume an den Übergängen zwischen Ost- und West-Berlin, nachdem Pressemitteilungen über neue Reiseregelungen für Verwirrung gesorgt hatten. Tausende Menschen strömten spontan zu den Grenzübergängen, kletterten auf die Mauer, umarmten sich, feierten. Dieses Ereignis markierte das Ende der deutschen Teilung und leitete den Zusammenbruch der DDR und des Ostblocks ein. Die Mauer war gefallen. Errichtet 1961, trennte die Mauer das Land fast drei Jahrzehnte lang und wurde zum sichtbarsten Symbol des Kalten Krieges. Millionen Menschen in Deutschland waren dadurch von Familie und Freunden abgeschnitten. Das DDR-Regime bezeichnete sie als »Antifaschistischer Schutzwall«, tatsächlich diente sie der Kontrolle und Unterdrückung. Die Öffnung 1989 war das Ergebnis vielfältiger Faktoren: wirtschaftliche Schwäche, friedliche Demonstrationen in Städten wie Leipzig, der Druck der Bürgerrechtsbewegungen und die Reformpolitik Michail Gorbatschows, die eine Öffnung unausweichlich machten.

In den Stunden nach der Öffnung gingen Bilder der jubelnden Menschen auf der Mauer um die Welt. Politisch folgten Monate intensiver Verhandlungen, die schließlich am 3. Oktober 1990 zur deutschen Wiedervereinigung führten. Der Mauerfall veränderte nicht nur Deutschland, sondern ganz Europa. Grenzen öffneten sich, die Europäische Union konnte sich neu ausrichten. Und bis heute unvergessen bleibt der Satz, den Außenminister Hans-Dietrich Genscher sagte, wenige Wochen vor dem Mauerfall, vom Balkon der deutschen Botschaft in Prag zu den DDR-Bürgern, die dort Zuflucht gesucht hatten: »Wir sind heute zu Ihnen gekommen, um Ihnen mitzuteilen, dass heute Ihre Ausreise ... möglich geworden ist.«

targa

← Hello, Sunshine: Sonnenbaden war im Targa der Generation 993 nicht nur bei geöffnetem Zustand möglich – das Glasdach machte es möglich.

993

Es war die erste große Zäsur in der Geschichte des Targa: die Abkehr vom Targa-Bügel. Dieser war Dank der nun längs verlaufenden Sicherheitsstruktur nicht mehr nötig. Dafür bot das neue Konzept deutlich mehr Komfort: Auf Knopfdruck öffnete es sich wie ein überdimensioniertes Schiebedach.

BAUZEIT	*PREIS*	*LEISTUNG*	*STÜCKZAHL*
1995–1998	*145.000–153.160 DM*	*286 PS (210 KW)*	*4.585*

MIT NUR 4.583 GEBAUTEN EINHEITEN IST DER 993 TARGA BIS HEUTE DER SELTENSTE ALLER 911 TARGAS.

Mehr als zwei Jahre ließ Porsche seine Targa-Kunden nach Einstellung des 964 warten, 1995 präsentierte man dann ein völlig neues Karosseriekonzept. Die Ingenieure der 993-Generation entschieden sich für ein großes, zurückfahrbares Dach aus getöntem Dreischicht-Verbundglas. Bedeutet: kein Überrollbügel mehr hinter dem Cockpit, dafür feststehende Dachpfosten und eine Glasfläche. Die glitt elegant unter die stark vergrößerte Heckscheibe, die gewohnte 911-Silhouette blieb dabei fast erhalten. Vorteil: Auch geschlossen vermittelte einem der Targa dank seiner großen Glasflächen das Gefühl, im Freien zu sitzen. Ein Sonnen- und Kälteschutzrollo hielt bei Bedarf Hitze und Kälte zuverlässig draußen, geschlossen entsprach die Geräuschkulisse der im Coupé. Die Torsionssteifigkeit war ausgezeichnet, basierte der Targa ab 1995 doch erstmals auf der verstärkten Cabrio-Karosserie. Trotz drei Elektromotoren und der aufwendigen Glaskonstruktion wog er nur rund 30 Kilogramm mehr als das Coupé.

Im Heck arbeitete ein neuer 3,6-Liter-Motor. Weil der Targa erst spater erschien, erhielt er gleich 286 PS – statt der 272 PS der frühen 993-Modelle. Variable Saugrohrlängen (Varioram) und der Hubraumzuwachs sorgten für ein fülligeres Drehmoment, 340 Newtonmeter ermöglichten souveränen Frischluftgenuss. Dieser optimierte Boxer blieb die einzige Antriebsoption, die Targa-Karosserie war weder mit Turbo noch Allradantrieb kombinierbar. Die Vierstufenautomatik »Tiptronic S« gab es mit Schaltwippen gegen Aufpreis, der Handschalter hatte erstmals sechs Gänge.

Der 993 beherrschte eine feine Balance zwischen klassischem 911-Feeling und den Vorteilen der Weiterentwicklung. Im Innenraum blieb der Charakter des Vorgängers erhalten. Das klassische Fünf-Rundinstrumenten-Layout blieb unverändert, Haptik und Sitzkomfort wurden jedoch spürbar aufgewertet. Durch die leicht veränderte Dachlinie bot der Targa den (zumeist sehr jungen) Fondpassagieren etwas mehr Kopffreiheit – jedenfalls im geschlossenen Zustand.

Die mit der Karosserie nahezu bündigen Schürzen sorgten für eine besondere Eleganz der Elfer-Silhouette. Chefdesigner Harm Lagaay orientierte sich hierbei am 911-Urmodell, bei dem Karosserie und Stoßstangen eine optische Einheit bildeten. Die Scheinwerfer lagen flacher und zitierten den Überflieger 959 aus den Achtzigerjahren. Das machte den 993 nicht nur zeitlos, sondern auch eine Stufe eleganter, ohne die Sportlichkeit zu mindern.

Eine ähnliche Wirkung hatten die Fahrwerksmodifikationen. Die sogenannte LSA-Hinterachse (Leichtbau, Stabilität, Agilität) machte den 911 zwar komfortabler, die Sportlichkeit wurde durch die steifere Anbindung und geringere Rollneigung der Karosserie aber deutlich gesteigert. Ein spezifisches zweiteiliges Felgendesign unterstützte den individuellen Auftritt des 993 Targa.

Mit nur 4.583 gebauten Einheiten ist der 993 Targa heute der seltenste aller 911 Targa. Sein Aufpreis von rund 13.000 Mark gegenüber dem Coupé war vielen, die im neuen Konzept nur ein überdimensioniertes Schiebedach sahen, wohl zu viel. Das Vollcabrio kostete dagegen nur etwa 4.000 Mark mehr. Heute jedoch tritt der revolutionäre Targa allmählich aus dem Schatten von Cabrio und Coupé.

↑ Auch bei geöffnetem Glasdach war die Frischluftzufuhr relativ geräuschlos. Die Kopffreiheit im Targa war einen Hauch besser als im Coupé.

→ »Die Kulturrevolution des Offenfahrens«. So überschrieb Porsche die Abkehr vom Bügel-Konzept. Erstmals sah der Targa in der Seitenansicht beinahe wie das Coupé aus.

→ Anfassen nicht erlaubt, Überschlagen dagegen kein Problem – Porsche wurde beim Targa der vierten Generation auch für das Crashverhalten der Karosserie bei der Seitwärtsrolle gelobt. Die Stabilität entsprach der des Coupés.

DER ELFER AB 1993 STAND FÜR DIE FEINE BALANCE ZWISCHEN KLASSISCHEM 911-FEELING UND DEN VORZÜGEN DER WEITER-ENTWICKLUNG.

PORSCHE
Bitte nicht berühren
Please don't touch
targa
PORSCHE

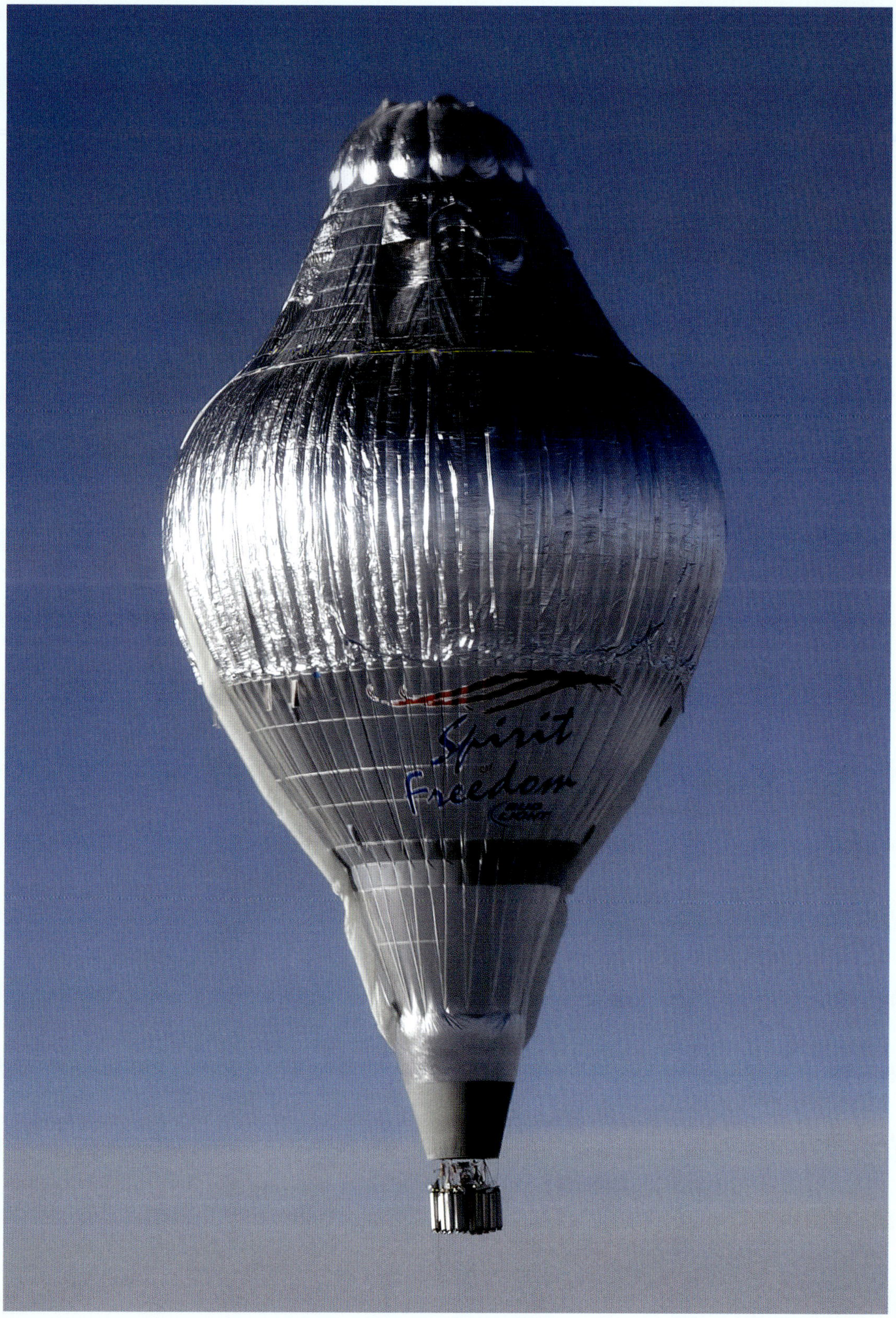
Spirit of Freedom

1995

ÜBERFLIEGER

Am 21. Februar 1995 landete Steve Fossett mit seinem Ballon in Leader, Saskatchewan, Kanada. Fossett, ein US-amerikanischer Abenteurer und Unternehmer, hatte sich das Ziel gesetzt, als erster Mensch den Pazifik in einem Ballon zu überqueren – eine Herausforderung, die zuvor unmöglich schien. Der Flug begann in Seoul, Südkorea, und führte Fossett über Tausende Kilometer offenes Meer. Die Reise dauerte 4 Tage, 6 Stunden und 15 Minuten. Währenddessen erreichte Fossett Höhen von bis zu 8.100 Metern und Geschwindigkeiten von rund 400 km/h, stets den unberechenbaren Winden und Wetterfronten ausgeliefert. Die Navigation erforderte höchste Präzision, jede Kursabweichung konnte katastrophale Folgen haben. Nach der erfolgreichen Landung wurde weltweit über den Flug berichtet – ein Meilenstein in der Geschichte der Luftfahrt und ein Symbol für menschliche Entschlossenheit.

Fossetts Flug legte den Grundstein für spätere Rekorde, darunter seine Nonstop-Weltumrundung im Ballon 2002 (Foto). Sein Name bleibt untrennbar mit dem Traum verbunden, Grenzen zu überschreiten, Risiken einzugehen und Neues zu wagen.

Fossett starb am 3. September 2007 bei einem Flugzeugabsturz in den Sierra Nevada Mountains in Kalifornien. Die Absturzursache wurde später von der National Transportation Safety Board (NTSB) als unbeabsichtigtes Aufeinandertreffen der Maschine mit Abwinden über bergigem Gelände festgestellt. Fossett wurde 63 Jahre alt.

S GO 101

← Das Facelift-Modell der 996-Generation blickte ab 2001 einen Hauch sinnlicher drein. Als Targa hat sich der Elfer ohnehin dem Genuss ohne Reue verschrieben.

996

Es war die bis dahin revolutionärste Weiterentwicklung des 911 – und die seinerzeit umstrittendste: die Umstellung von Luft- auf Wasserkühlung. Bis schließlich die Targa-Variante verfügbar war, hatte sich die Aufregung schon etwas gelegt und man konnte sich über die aufklappbare Heckscheibe und das mehr als 1,5 Quadratmeter große Glasdach freuen.

BAUZEIT	*PREIS*	*LEISTUNG*	*STÜCKZAHL*
2001–2005	*159.041 DM–85.147 EURO*	*320 PS (235 KW)*	*5.142*

MIT DER HECKKLAPPE RÜCKTE DER 911 IN SACHEN ALLTAGS-TAUGLICHKEIT FAST IN DIE LIGA EINES KOMPAKTSPORTLERS.

So revolutionär Porsche bei der Entwicklung des 996 vorging – mit völlig neu konstruierter Karosserie und erstmals Wasserkühlung –, so treu blieben die Zuffenhausener ihrer mit dem 993 eingeführten Targa-Interpretation. Vom bis dahin überschaubaren Verkaufserfolg ließen sie sich nicht beirren und entwickelten das verglaste Konzept mit festen Dachpfosten konsequent weiter. Die transparente Dachfläche wuchs auf über 1,5 Quadratmeter, die Öffnung auf knapp einen halben. Erstmals besaß der Elfer zudem eine zu öffnende Heckscheibe. Der Fondbereich ließ sich dadurch deutlich leichter beladen und fasste mit umgeklappten Sitzen 230 Liter – rund 30 mehr als das Coupé. Damit rückte der Sportwagen in Sachen Alltagstauglichkeit fast in die Liga eines Kompaktsportlers. Sowohl die Entriegelung der Heckscheibe als auch die Dachöffnung erfolgten optional über die Fernbedienung. Die Dachholme waren über die gesamte Länge mit hochfesten Stahlrohren verstärkt. Insgesamt legte der Targa dadurch gegenüber dem Coupé um rund 70 Kilogramm zu.

Motorseitig blieb beim 996 kaum ein Stein auf dem anderen. Zwar hielt Porsche am Sechszylinder-Boxer fest, doch die Ära der Luftkühlung war beendet. Vierventiltechnik und die variable Einlassnockenwellenverstellung (VarioCam) hielten Einzug. Auch der 996 Targa profitierte von seiner späten Markteinführung innerhalb der Baureihe: Ab dem Modelljahr 2002 ersetzte der 3,6-Liter-Motor mit 320 PS den bisherigen 3,4-Liter-Antrieb – stets die einzige Motorisierung des Targa.

Fahrwerk und Bremsen passten die Ingenieure der Mehrleistung und dem höheren Gewicht an, steifere und leichtere Komponenten sollten die Agilität trotz gewachsener Abmessungen bewahren. Erstmals kam das Fahrstabilitätssystem PSM zum Einsatz. Auch im Innenraum zeigte sich der 996 von Grund auf erneuert. Ein völlig neues Raumgefühl empfing den Fahrer; die Instrumentierung zitierte zwar die klassische Fünf-Uhren-Optik, war nun jedoch platzsparend als Kombiinstrument ineinander verschachtelt. Der 996 präsentierte sich leiser, komfortabler und ergonomischer als seine Vorgänger. Manche Kritiker sahen darin den Verlust des reinen Sportwagencharakters und warfen Porsche vor, den 911 zum komfortablen Reise-GT gemacht zu haben. Die objektiven Fahrwerte widerlegten diese Einschätzung jedoch deutlich. Die Stimmen, der 911 sei verwässert worden, verstummten bald. Porsche verkaufte vom 996 mehr Exemplare als von 964 und 993 zusammen. Der Targa blieb dennoch ein Exot innerhalb der Baureihe: Nur 5.142 Stück entstanden – trotz eines moderaten Aufpreises von weniger als 4.000 Euro. Mit dem 996 begann für Porsche die moderne Ära des Elfers. Fortschrittliche Sicherheitskonzepte, bessere Effizienz und zeitgemäßer Komfort machten den ikonischen Sportwagen fit für die Zukunft.

← Die Ladekante war zwar hoch, praktischer war der 911 mit zu öffnender Heckscheibe aber allemal. Sie machte die 230 Liter Stauraum leichter zugänglich.

→ Zwei Elektromotoren kümmerten sich um die schnelle Zuführung von Vitamin D. Bis zu einen halben Meter öffnete sich das Glasdach.

targa
S GO 101

→ Der spitz zulaufende Fensterrahmen im Bereich der C-Säule war ein unauffälliges, auf den zweiten Blick aber sehr elegantes Merkmal der Targa-Generation 996.

2001

WENIGER IST MEHR

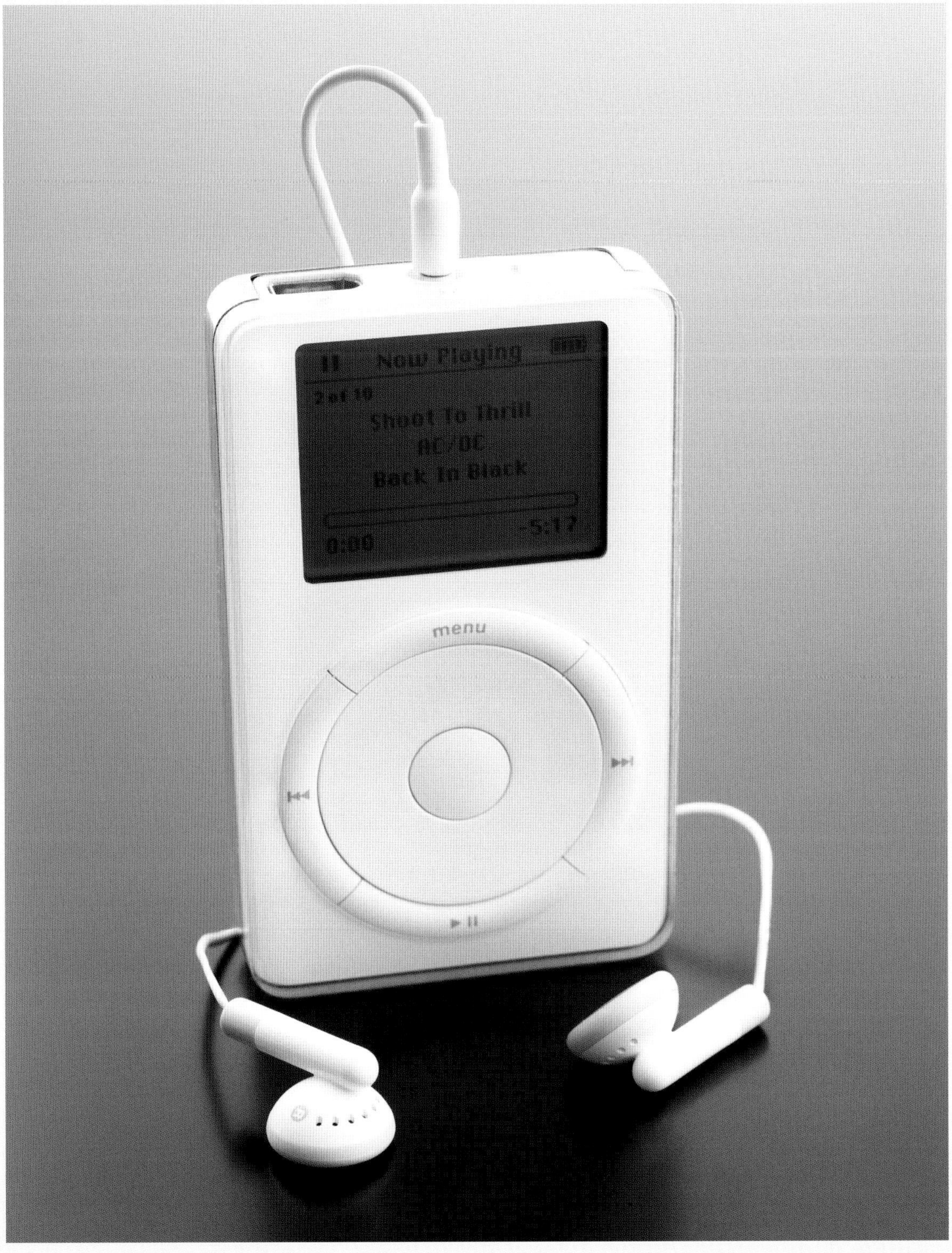

So klein, so weiß und so wichtig: Der 23. Oktober 2001 markierte einen Wendepunkt in der Musikgeschichte – mit der Vorstellung des iPod katapultierte Apple das Musikhören ins digitale Zeitalter und beendete die Ära der tragbaren CD-Player. Plötzlich wurde es möglich, tausend Songs in der Hosentasche zu tragen. An jenem Tag trat Steve Jobs im Apple-Hauptquartier in Cupertino vor eine kleine Schar Journalisten und präsentierte ein schlichtes, weißes Gerät mit 5-Gigabyte-Festplatte, genug für rund 1.000 Lieder in CD-Qualität. Mit einem Gewicht von rund 184 Gramm und seiner klaren Form stand der iPod für eine neue, minimalistische Design-Ära. Über eine FireWire-Schnittstelle ließen sich Songs ungewöhnlich schnell übertragen – laut Apple benötigte das Kopieren einer CD nur etwa zehn Sekunden. Jobs zog den iPod aus seiner Jeans und erklärte: »Das Coolste am iPod ist, dass du deine gesamte Musiksammlung mitnehmen kannst – direkt in deiner Tasche.« Das Gerät war zunächst nur mit einem Mac kompatibel und kostete 399 US-Dollar – deutlich mehr als andere MP3-Player. Doch sein simples Design, das intuitive Scrollrad und die technische Stabilität machten ihn rasch zum Symbol für den digitalen Wandel. Innerhalb weniger Jahre dominierte der iPod den Markt, prägte das Image von Apple als Lifestyle-Marke und bereitete den Weg für das iPhone.

LB Q 4436

← Vertrauter Blick: Kein anderer Sportwagen schaut uns so freundlich an wie der 911 – auch und gerade in der Generation 997 ab 2005.

997

Porsche Puristen durften bei der mittlerweile sechsten Elfer-Generation aufatmen: Die Frontleuchten wichen wieder runden Frontscheinwerfern – wie auch sonst verstärkt klassische Elemente verwendet wurden. Nur beim Targa-Dach blieb es modern – mit einer Gewichtsreduktion um 1,9 Kilogramm.

BAUZEIT	PREIS	LEISTUNG	STÜCKZAHL
2006–2012	91.843–129.746 EURO	325–408 PS (239–300 KW)	8.469

MIT DER GENERATION 997, PRODUZIERT VON 2006 BIS 2012, ENDETE DIE ÄRA DER VERGLASTEN TARGAS.

Mit dem Modelljahr 2005 brachte Porsche die sechste Generation des 911, den 997. Das Design rückte klassische Elemente wieder mehr in den Fokus, zum Beispiel runde Scheinwerfer und Zusatzleuchten vorn. Der Innenraum wurde rundum neu gestaltet, auch hier ließen sich sanfte Designzitate der luftgekühlten Elfer erkennen. Insgesamt trat die gesamte Baureihe athletischer auf. Der neue Porsche Targa war erst ab September 2006 zu haben, dafür aber erstmals in zwei Varianten, nämlich als Targa 4 und Targa 4S. Die Targas kamen also grundsätzlich mit Allradantrieb. Das System leitete ständig zwischen fünf und 40 Prozent der Kraft an die Vorderräder, was nicht nur der besseren Traktion diente, sondern auch für mehr Fahrstabilität und besseren Geradeauslauf bei hohem Tempo sorgen sollte. Alle Targas bekamen die breite Karosserie spendiert.

Die Einstiegsvariante war mit einem 3,6 Liter großen und 325 PS starken Sechszylinder-Boxer bestückt, der 4S überzeugte mit 355 PS aus 3,8 Litern Hubraum. Im Laufe der Modellpflege wurden auch die Targas immer stärker: 2009 trieben den Targa 4 bereits 345 PS, den 4S 385 PS an – beide nun mit Direkteinspritzung. Mit einer Werksleistungssteigerung kam der 4S ab 2009 gar auf satte 408 PS.

Aber Kraft ist nicht alles – ein Targa will auch elegant sein. Ein Blickfang waren die glänzend eloxierten Aluminiumleisten, die die Dachkante von der A-Säule bis zum Ansatz der C-Säule betonten. Die hintere Seitenscheibe lief in einem spitzen Winkel aus – auch dies ein typisches Design-Merkmal des Porsche Targa seit der Generation 993.

Das Spezialglasdach übernahm der Targa Typ 997 vom Vorgänger, allerdings wurde es um 1,9 Kilo leichter. Wieder konnte die elektrisch zu betätigende Heckscheibe aus getöntem Einscheibensicherheitsglas von innen über eine Taste im Türschweller der Fahrerseite oder über den Fahrzeugschlüssel per Funkfernbedienung entriegelt werden. Zum Öffnen hob sie sich um rund 20 Millimeter an und ließ sich von Hand bequem aufstellen. Zwei Gasdruckfedern erleichterten die Arbeit. Zum Schließen musste nur leicht auf das Schloss gedrückt werden, eine elektrische Zuziehhilfe erledigte den Rest. Auf Wunsch war ein integrierter Wischer zu haben.

Der günstigste handgeschaltete Targa kostete zum Start der 997-Reihe 91.843 Euro, die S-Variante war für 102.167 Euro zu haben. Das waren gut 9.000 Euro mehr als bei den allradgetriebenen Coupé-Pendants zur gleichen Zeit. Trotzdem wurden 8.459 Targas der Generation 997 gebaut. Deutlich mehr Kunden entschieden sich dabei für die stärkere 4S-Version. In Summe machte dies einen starken Zuwachs gegenüber der Generation 996 aus. Dennoch wurde das Kapitel der verglasten Targas mit Einstellung im Jahr 2012 geschlossen.

↑ Wie im Vorgänger findet sich ein 230 Liter großer Stauraum hinter den Vordersitzen. Ein elektrisches Rollo unterstützt den Wärmehaushalt im Innenraum. Beschattungsgrad: 96 Prozent.

→ Dauerbreit: Auch der Targa der Generation 997 hatte die weiter ausladenden Radhäuser der allradgetriebenen 911 Carrera und Turbo.

LB Q 4436

targa 4S
S GO 1142

← »Erinnern Sie sich an den Rat Ihrer Mutter. Sie sollten etwas von der Welt sehen. Und Zugluft vermeiden«, lautet Porsches Werbebotschaft zum neuen Targa. Die eloxierte Leiste betonte den spezifischen Verlauf der Targa-Fensterlinie. Hier das Facelift ab 2008.

2006

SOMMER-MÄRCHEN

Eine kindliche Freude an einem Ballspiel, ein komplexfreier und unverdächtig zur Schau getragener Patriotismus. Das war der Sommer 2006 in Deutschland. Mit der Fußball-Weltmeisterschaft im eigenen Land entfaltete sich ein Phänomen, das weit über Tore hinausreichte: das »Sommermärchen«. Von 9. Juni bis 9. Juli waren Straßen, Plätze und Kneipen mit schwarz-rot-goldenen Fahnen geschmückt, Menschen aller Generationen und Herkunft feierten gemeinsam. Obwohl das deutsche Team den dritten Platz belegte, war der wahre Sieg der Zusammenhalt und die Begeisterung, die die WM im Land entfachte.

Die WM erzeugte auch international Aufmerksamkeit. Zum ersten Mal seit langer Zeit sprach man nicht von einem Land, das sichtbar mit seiner Geschichte hadert, sondern von einem Ort der Lebensfreude und Offenheit. Medien aus aller Welt berichteten von freundlichen Fans, ausverkauften Stadien und einer entspannten Gastgebernation. Der Regisseur Sönke Wortmann begleitete damals die deutsche Nationalmannschaft mit seiner Kamera und hielt die emotionalen Momente der WM in seinem Dokumentarfilm »Deutschland. Ein Sommermärchen« fest. Später sagte er in einem Interview mit der »Welt«: »Es sind damals viele schöne Dinge passiert, die ich nie vergessen werde. Dieser Sommer war grandios. Von vielen habe ich gehört, dass es der schönste Sommer ihres Lebens war.«

S VY 991

← Kräftig, souverän – und stilsicher wie in den Sechzigerjahren: Die Rückkehr zum ursprünglichen Targa-Design kam an, was sich auch in den Verkaufszahlen niederschlug.

991

Zurück zu den Wurzeln: Der Targa bekam wieder einen Überrollbügel aus Edelstahl. Ansonsten aber machte auch der Targa wie die gesamte Generation 991 einen riesigen Sprung in Richtung Zukunft – inklusive einer Dachöffnungs-Choreografie, die es allein schon wert war, den Aufpreis für den Targa zu bezahlen.

BAUZEIT	*PREIS*	*LEISTUNG*	*STÜCKZAHL*
2014–2019	*109.338–187.961 EURO*	*350–450 PS (257–331 KW)*	*19.373*

AUFWENDIGE TECHNIK: DIE GESAMTE KONSTRUKTION SORGTE FÜR EIN MEHRGEWICHT VON 40 KILOGRAMM GEGENÜBER DEM ALLRADANGETRIEBENEN VOLLCABRIO.

Als der Porsche 911 in seiner siebten Generation nach 853.000 Exemplaren (davon 13 Prozent als Targa) als Typ 991 im Jahr 2011 auf der IAA in Frankfurt seine Weltpremiere feierte, konnten sich die Fans auf den größten Entwicklungssprung in der Geschichte des Dauerbrenners freuen. Rund 90 Prozent der Bauteile waren neu oder weiterentwickelt, die Sechszylinder-Boxermotoren erlebten in Sachen Hubraum erstmals ein Downsizing, auch wenn sie natürlich wieder stärker wurden.

Auf die Präsentation des neuen Targa mussten sich die Kunden bis Anfang 2014 gedulden. Doch das Warten lohnte sich: Mit dem Typ 991 verabschiedete sich Porsche vom Glasdach und kehrte zurück zu den Wurzeln – zum breiten Bügel an den B-Säulen und einer großen Panorama-Heckscheibe ohne C-Säulen. Das Targadach wurde ein Softtop.

Die Basis bildete das Cabriolet. Die Dachkonstruktion benötigte zum Öffnen und Schließen je 19 Sekunden. Auch heute noch ist die dabei vollführte Choreografie beeindruckend und läuft ab wie folgt: Das Auto muss während des Vorgangs stillstehen. Per Tastendruck lässt sich die Heckscheibe entriegeln, gemeinsam mit dem Verdeckkastendeckel kippt sie nach hinten weg. Zeitgleich klappen die beiden Außenecken des Targa-Bügels nach oben und geben die Kinematik des Stoffdaches frei, das durch einen Flächenspriegel und eine Dachschale aus Magnesium aufgespannt wird. Sofort danach wird das Stoffdach entriegelt, es faltet sich z-förmig und legt sich hinter den Fondsitzen ab. Zum Schluss legen sich die beiden Außenecken wieder in den Bügel, Glasscheibe und Verdeckkastendeckel werden verriegelt. Ein Signal warnt, wenn am Heck für die Aktion weniger Platz ist als die benötigten 40 Zentimeter.

Der Targa-Bügel war wieder als stabiler Stahlüberrollschutz ausgebildet und die beheizbare Heckscheibe aus zweiteiligem Verbundsicherheitsglas. Auf Wunsch wurde ein Heckscheibenwischer verbaut. Die gesamte Konstruktion sorgte dafür, dass ein Targa 40 Kilogramm mehr wog als das allradgetriebene Vollcabrio. Damit es bei geschlossenem Verdeck im Innenraum angenehm ruhig blieb, befand sich unter dem Dachbezug eine geräuschisolierende Dämmmatte. Überhaupt gilt: Der Geräusch- und Klimakomfort der Targas war fast so gut wie beim Coupé. Beide Targa-Varianten kosteten im März 2014 knapp 12.000 Euro mehr als die Carrera-Pendants.

Der Targa 4 erhielt 350 PS und der Targa 4S 400 PS, Letzterer mit einer Leistungssteigerung ab Werk sogar 430 PS. Beide Modelle kamen wie ihre Vorgänger ausschließlich mit Allradantrieb und breiter Karosserie. Ab 2015 gab es erstmals den Targa 4 GTS – ebenfalls mit 430 PS und besonders reichhaltiger Ausstattung.

Mit der Modellpflege zum Typ 991/2 im Jahr 2015 wurden die 3,4- und 3,8-Liter-Motoren auf drei Liter geschrumpft, die Kraft allerdings stieg dank zweier Turbolader: Der Targa 4 kam so auf 370 PS, der 4S auf 420 PS, der GTS auf 450 PS. Ab November 2018 war auf dem deutschen Markt der auf 250 Einheiten limitierte Targa 4 GTS Exclusive Manufaktur Edition erhältlich. Exklusive Farben innen und außen zeichneten das Sondermodell aus.

↑ »Die Klapptechnik des Targa ist die Krönung achtzigjähriger Verdeck-Kunst« schrieb die »Welt Online« im Premierenjahr 2014. Dachschale und Faltmechanismus des Softtops bestanden aus Magnesium.

→ Der Targa der 991-Generation wurde ausschließlich mit Allradantrieb angeboten, entsprechend breit war die Karosserie. Die hinteren Radhäuser waren jeweils 22 Millimeter weiter ausgestellt als beim heckgetriebenen Carrera.

PORSCHE
911 targa 4
S VY 991

2014

DIE ÄRA TAYLOR SWIFT

Mit »1989« legte Taylor Swift im Oktober 2014 ein Album vor, das in mehrfacher Hinsicht als Wendepunkt für die Popkultur gilt. Die Musikerin, bislang für ihre Country-Wurzeln bekannt, emanzipierte sich musikalisch und sorgte für einen Aufbruch eines ganzen Genres: »1989« war Swifts Bekenntnis zum Pop. Dabei erzählen die 13 Songs des Albums lose die Geschichte einer jungen Frau, die nach New York zieht, Liebschaften und Beziehungen hat und sich am Ende selbst findet. Auf »1989« nutzte Taylor Swift ihren Status, um sich gegen stereotype Narrative in den Medien zu behaupten, etwa in Songs wie »Blank Space« und »Shake It Off«, die beide zu Hymnen ihrer Generation avancierten.

In nur einer Woche verkaufte sich das Album über eine Million Mal, dominierte weltweit die Charts und wurde mit mehreren Grammys ausgezeichnet – darunter in der Kategorie »Album des Jahres«. Auch im Umgang mit Streaming-Diensten setzte Swift neue Maßstäbe, so zwang sie Spotify und Apple zu angemessener Bezahlung – nicht nur für sich, sondern für alle Musikschaffenden. Im Mai des folgenden Jahres wurde sie auf die Forbes-Liste der mächtigsten Frauen der Welt aufgenommen. Damit ist »1989« mehr als ein musikalisches Statement: Es steht für eine Selbstbestimmung in einer Zeit, in der sich Popästhetik und gesellschaftliche Debatten immer stärker verschränken – und es ist der Beginn der Ära Taylor Swift.

S GO 4459

← »Willst du, dass es bleibt, wie es ist, musst du es verändern«, so Michael Mauer, ehemaliger Leiter Style Porsche. Und so wirkt auch der 911 Targa der 2020er wie in den Sechzigerjahren: zeitlos, ingeniös und hinreißend schön.

992

Bei der Generation 992 bleibt in Sachen Targa alles beim neuen Alten: Der sichtbare Bügel und das elektrisch durchchoreografierte Dachöffnen kombinieren optische Herkunft mit technologischer Gegenwart. In Sachen Assistenzsysteme und Antrieb geht es dagegen schnurstracks in Richtung Zukunft, unter anderem mit dem ersten Hybridantrieb, der vor allem den Fahrspaß steigert.

BAUZEIT	PREIS	LEISTUNG	STÜCKZAHL
SEIT 2020	144.627–197.900 EURO	385–541 PS (283–398 KW)	NOCH IN PRODUKTION

Mit dem 911 Targa 4 und dem 911 Targa 4S debütierte im Mai 2020 die dritte Karosserievariante der achten Elfer-Generation, bekannt als Typ 992. Äußerliche Unterscheidung zum Vorgänger: leichtes Wachstum in jede Richtung bei gleichbleibendem Radstand, prägnantere Radhäuser und ein breiterer, variabler Heckspoiler. Das durchgehende Leuchtenband am Heck ist klassisches 911-Merkmal, das hier wieder charmant eingesetzt wurde. Die erstmals vertikal platzierte dritte Bremsleuchte wurde gern als (9)11 interpretiert. Unter der Alu-Karosserie steckte der Modulare Mittelmotor-Baukasten (MMB).

Für Power sorgte ein Sechszylinder-Boxer mit drei Litern Hubraum und Biturbo-Aufladung. Beim Targa 4 leistete er 385 PS, der Boxer im 911 Targa 4S kam auf 450 PS. Einen Targa GTS mit 480 PS gab es ab Juni 2021.

Prägnantes Merkmal blieb das vollautomatische Dachsystem, das prinzipiell vom Vorgänger übernommen wurde. Kräftigere Aktuatoren führten nun noch souveräner durch die 19 Sekunden, in denen sich der 911 öffnete oder schloss. Ein serienmäßiger Park-Assistent überwachte dabei den Bereich hinter dem Targa zum Schutz vor Schäden. Jetzt erkannte das System ein Hindernis im Bereich von 50 Zentimetern hinter dem Fahrzeug. Wie bisher wurde bei Gefahr der Öffnungsvorgang abgebrochen, zusätzlich die Rückfahrkamera aktiviert und eine Meldung im Kombiinstrument angezeigt.

Erstmals in einem Targa war das »Porsche InnoDrive« einschließlich Abstandsregeltempostat erhältlich. Das System sah bis zu drei Kilometer voraus Geschwindigkeitslimits oder Straßenverlauf und passte das Tempo an. Mit einer weiterentwickelten Smartlift-Funktion ließ sich nun die Anhebung der Bodenfreiheit für den alltäglichen Bedarf programmieren. Wie die anderen Porsche 911 der achten Generation verfügten auch die Targa-Modelle serienmäßig über den »Porsche Wet Mode«: Sensoren in den vorderen Radhäusern erkannten signifikante Nässe auf der Fahrbahn und meldete sie dem Piloten. Der dann zu aktivierende Wet Mode passte das Ansprechverhalten des Antriebs so an, dass ein Maximum an Fahrstabilität gewährleistet wurde.

Mitte Mai 2024 erschien das Facelift, genannt Typ 992.2. Geänderte Leuchtengrafiken und profiliertere Schürzen waren die auffälligsten Merkmale. Zum Leidwesen mancher Fans verschwand der mittig platzierte analoge Drehzahlmesser, die Instrumente befanden sich volldigital auf einem gewölbten Bildschirm.

Seit April 2025 ist ein neuer Targa 4 GTS zu haben. Zwar muss nun lediglich ein Turbolader für Ladedruck sorgen, dafür gibt es ein Hubraumplus auf 3,6 Liter und erstmals Hybridtechnologie. Das Resultat: 541 PS und ein Ansprechverhalten, welches sich mehr nach feinnervigem Sauger denn nach aufgeladenem Motor anfühlt. Porsche positioniert das Bügel-Cabrio nun bewusst höherpreisig. Der Einstieg in die Targa-Welt beginnt erst beim 4S mit 480 PS, zum Preis von 178.900 Euro, der GTS als Speerspitze kostet 197.900 Euro. Damit beläuft sich der Targa-Aufpreis auf etwa 15.000 Euro gegenüber den Coupé-Pendants. Der Targa ist schließlich keine Notwendigkeit mehr, keine preissensible Alternative zum Cabrio. Er ist offen für alles und ein Bekenntnis zur Freiheit, sich eben nicht entscheiden zu müssen.

← Blick in die nahe Zukunft: Mit der Generation 992 kann man im Targa nun erstmals das Porsche InnoDrive erhalten – ein Assistenzsystem, das bis zu drei Kilometer vorausschaut.

→ Bekenntnis zur Offenheit, auch in technologischer Hinsicht: Mit der Weiterentwicklung der Generation 992 verfügt der 911 Targa im GTS nun erstmals auch über einen Antrieb mit Hybridtechnologie.

DER TARGA IST KEINE NOTWENDIGKEIT MEHR, KEINE PREISSENSIBLE ALTERNATIVE ZUM CABRIOLET, SONDERN EIN STATEMENT.

2020

KOMM, WIR FLIEGEN INS ALL

Am 30. Mai 2020 startete vom Kennedy Space Center in Florida eine Falcon-9-Rakete des US-Unternehmens SpaceX – an Bord die erfahrenen NASA-Astronauten Douglas Hurley und Robert Behnken. Mit diesem Flug, genannt Demo-2, begann ein neues Kapitel der Raumfahrt: Erstmals brachte ein privat entwickeltes Raumfahrzeug Menschen ins All. Seit dem Ende des Space-Shuttle-Programms im Jahr 2011 hatte die NASA keine eigenen bemannten Starts mehr von amerikanischem Boden aus durchgeführt. Für Missionen zur Internationalen Raumstation waren die USA bis dahin auf russische Sojus-Kapseln angewiesen. Der Start der Raumkapsel Crew Dragon beendete diese Abhängigkeit. Künftig soll die Behörde keine eigenen Raumfahrzeuge mehr bauen, sondern Sitzplätze bei privaten Anbietern buchen. Die Raumkapsel war vollständig von SpaceX entwickelt und gebaut worden und der erfolgreiche Flug ein Beweis, dass Raumfahrt auch wirtschaftlich tragfähig sein kann.

Die Falcon 9 hob um 15:22 Uhr Ortszeit vom historischen Startplatz Launch Complex 39A ab – jenem Ort, an dem einst die Apollo-Missionen zum Mond gestartet wurden. Rund 19 Stunden später dockte die Crew Dragon planmäßig an die ISS an. Nach etwa zwei Monaten im All kehrten Hurley und Behnken am 2. August 2020 zur Erde zurück – mit einer Landung im Atlantik vor der Küste Floridas. Es war der Startschuss der kommerziellen Raumfahrt.

SPACEX

WERBEN IN SEINER SCHÖNSTEN FORM

Damit eines klar ist: Zunächst muss das Produkt überzeugen. Nur dann kann gute Werbung gelingen. So gesehen bieten sich Porsche Anzeigen als wunderbare Beweisführung für gelungenen Sportwagenbau »Made in Zuffenhausen« an. Selbst wenn es um ein vordergründig sperriges Thema wie das »Sicherheitscabriolet« geht. Oder vor allem dann.

variations nouvelles qui procurent un confort bien supérieur à celui des cabriolets ordinaires

roll-bar
convertible
safe as
a coupe
Top removed – rear window down –
a really safe convertible sports car in which
to enjoy sun, air and scenery
Top removed – rear window up –
pleasurable open-car driving, free of disturbing
wind noises and drifts, even at highway speeds
Top up – rear window down –
full protection against the overhead sun without
loss of refreshing breezes
Top up – rear window up –
comfortably secure driving when the weather
turns cold or rainy – or both
S-PS 160
PORSCHE
targa

"No convertible should be without it."

Dr. Ferry Porsche

The Targa combines the romance of a roadster with the practicality of the hard-top coupe.

It has a built-in roll bar.

But there is more to a Targa than just a roll bar.

There is the advantage of a huge fixed rear window that can be heated to prevent fogging.

There is the unique aerodynamic shape of a car so sculptured that it virtually slips through the air without the usual discomfort of wind blast.

In fact, when the removable top is stored in the trunk, you can carry on a conversation in normal tones with the person next to you. Dr. Porsche speaks softly.

And there is the legendary Porsche engineering that has set Porsches apart from every other car in the world.

The Targa is available in all three 911 models: 911T, 911E and 911S.

There is no car like a Porsche. And there is no Porsche like a Targa.

An ad for people who have never considered a Porsche.

*1975 EPA Buyers Guide—29 mpg-highway; 18 mpg-city.
† Source: August, 1975 NADA Official Used Car Guide—East Coast Ed.

A little knowledge can be dangerous.

For example: you may not have considered a Porsche because you think it's a high-performance racing car.

You're right.

But you're also wrong.

Only 5% of all Porsche owners ever race their cars.

The other 95% are people like you. And what they like about a Porsche is what you'll like about a Porsche.

Not the least of which is its heritage:

Porsche: the man.

In 1949, Professor Ferdinand Porsche, with his son and 100 workers, turned out one car a day from his rented factory in Stuttgart.

They worked very slowly and very carefully.

Because after a lifetime of designing cars for other people, these were the first cars to bear his name.

Porsche: the company.

Today, the Professor's determination to build great cars is carried forth by his son, Dr. Ferry Porsche.

The company is still privately owned. The cars are still built in Stuttgart. And the cars are still built slowly.

And what cars they are!

Porsche: the car.

We challenge you to drive a 1976 Porsche and then try to put it out of your mind.

The result of more than 25 years of no-compromise engineering, today's Porsche is a joy to drive. A perfect blend of performance, comfort, safety and economy.

The ultimate in Grand Touring luxury.

A true Grand Touring car must be fast, safe and *comfortable.*

So you can get a Porsche with air conditioning, leather upholstery, deep pile carpets, automatic heating controls and comfortable orthopedically-designed seats.

You can even get an automatic transmission.

Porsche's optional Sportomatic transmission is automatic when you want it to be. You don't have to shift gears in stop and go traffic.

But it's also a stick shift when you want it to be. (A Porsche with Sportomatic won the grueling *Marathon de la Route* at Nurburgring, so you're really not giving up anything but a clutch pedal.)

29 miles* on a gallon of regular.

Porsches aren't just built to win hundreds of races against cars with engines twice their size—which they have.

And not just to do zero to 60 in 7.6 seconds—which they will.

They're also built for ordinary driving, by ordinary drivers.

Around town, they maneuver through traffic gracefully.

And on the highway, they can go 600 miles on a tankful of gas and 15,000 miles between oil changes.

90% retail value after five years.

Porsches are everyday cars, meant to be enjoyed every day.

In fact, most Porsche owners drive their Porsches *more than* ten thousand miles a year.

Yet statistics show that a 1971 Porsche 911 has a retail value that's 90% of its original P.O.E. price.†

Because Porsches are built to last.

Pride of craftsmanship. Pride of ownership.

Porsches are hand crafted. And the pride you'll take in owning one comes from the pride Porsche workers take in building one:

Buffing and sanding to smooth out flaws they can feel but not see. Weighing connecting rods until they find 6 that match perfectly enough to put into the same engine. Bench testing every engine before it goes into a Porsche. And road testing every Porsche before it leaves the factory.

So there's a Porsche perfect for you.

You can buy a 6-cylinder Porsche 911S coupe. (Or Targa convertible, shown above, with its revolutionary built-in roll bar.)

Or you can buy the less expensive 4-cylinder 912E coupe.

Everything you'd expect. And more.

Either way, you'll get everything a great car should have.

Including luxury and comfort, a powerful air-cooled engine, unitized body, independent suspension and synchromesh transmission.

Plus 4-wheel disc brakes for fast stopping. Radial ply tires for better cornering. And rack-and-pinion steering for precise handling.

And finally, you'll get a car unlike any other in all the world.

And for good reason:

In a world of compromise, Porsche doesn't.

ZWEI WELTMEISTER:
MARTINA UND PORSCHE.
PORSCHE
Fahren in seiner schönsten Form.
Dr. Ing. h. c. F. Porsche AG Stuttgart-Zuffenhausen · Printed in Germany · Oktober 1983 · Entwurf: Gruppe C Conception und Graphic Design GmbH
WWM 321 110

Familien-Ausflug
Was vielen Familien fehlt, die Porsche-Familie hat's – das »Wir-Gefühl«: gleiche Interessen, gemeinsame Ziele, Zeit füreinander. Und Zeit für das von allen geliebte Hobby: Autofahren, besser fahren als andere – und fairer dazu. In einem außergewöhnlich sicheren, außergewöhnlich zuverlässigen und außergewöhnlich attraktiven Automobil.
PORSCHE
Dr. Ing. h.c. F. Porsche Aktiengesellschaft · Postfach 400640 · 7000 Stuttgart 40

PORSCHE 911 *Carrera 2 targa*

Dr. Ing. h. c. F. Porsche AG Stuttgart-Zuffenhausen · Printed in Germany 10/89 · WVK 353 110

Disadvantage: **The Inland Revenue will get wind of it.**

Your friends will start asking questions.

Your wife will get suspicious.

Advantage: **Driving one.**

The new 911 Targa.

PORSCHE

911 Targa 4

PORSCHE

PORSCHE

FAKTEN-LAGE

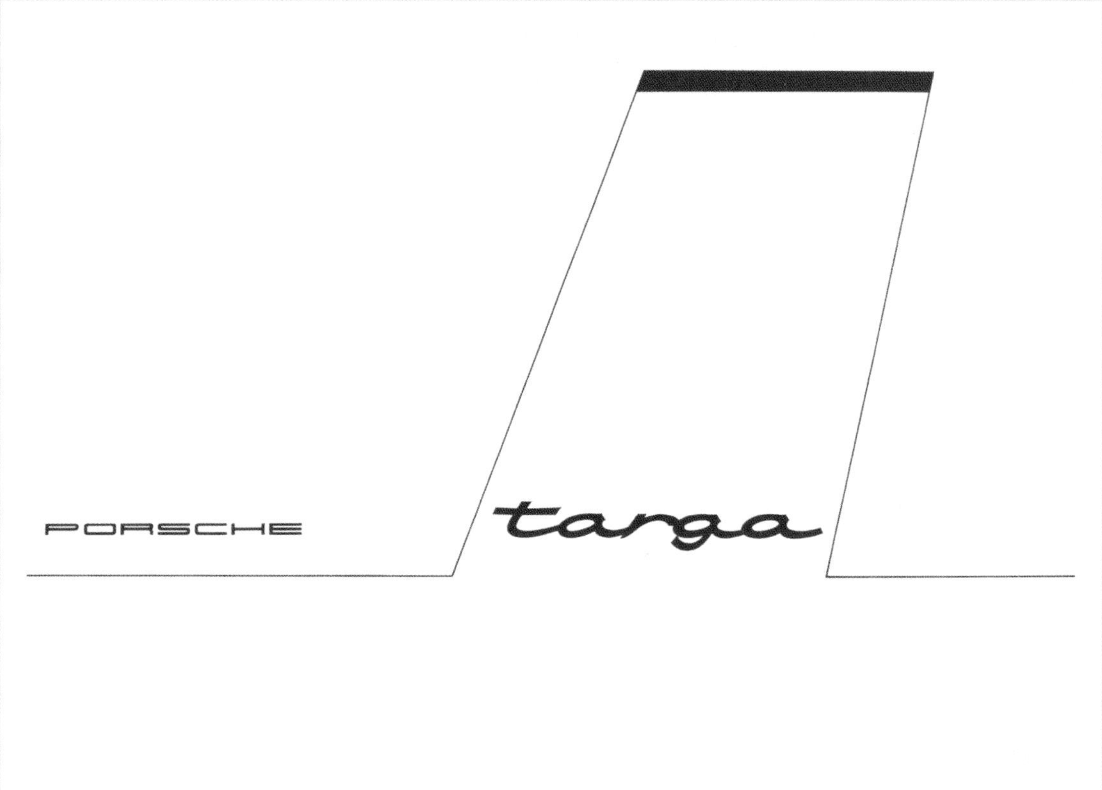

Wer Prospekte für reine Werbung hält, verkennt ihre grundsätzliche Funktion. Denn in erster Linie dienen sie Unternehmen zur Wissensvermittlung für ihre Kunden. Natürlich stellen die Firmen darin die Vorzüge ihrer Produkte vor. Was im Umkehrschluss bedeutet: Je vorzüglicher das Produkt, desto höher die Faktendichte.

Womit wir beim 911 Targa wären.

Der offene, sportliche Reisewagen bot schon immer seinen besonderen Reiz. Licht und Luft gaben den Insassen das Gefühl der Freiheit und lassen das Reisen zu einem faszinierenden Erlebnis werden. **targa** weckt die Erinnerung an das Rennen der tausend Kurven auf den sonnendurchglühten Bergstraßen Siziliens, der **Targa Florio.** Seit langer Zeit ist der Name Porsche durch glanzvolle sportliche Erfolge damit verbunden. **targa** (zu deutsch **Schild**) steht zugleich für die Sicherheit dieses Cabriolets wie auch für seine robuste Zuverlässigkeit. Der charakteristische, stählerne Dachbügel gibt dem **targa** nicht nur seine eigenwillige, elegante Linie, sondern vor allem den Insassen Sicherheit. Überdies ermöglicht er, mit wenigen Handgriffen, den Aufbau vierfach zu variieren und sich damit nach Belieben der jeweiligen Witterung anzupassen. Auch bei hohen Reisegeschwindigkeiten verhindert der Bügel weitgehend die sonst im offenen Fahrzeug übliche Belästigung durch Luftzug und Windgeräusche. Der **targa** gibt die Sicherheit und Geborgenheit des Coupés, wie auch die Freiheit des Cabriolets. Form und Funktion fanden im **targa** zu einer Porsche-typischen Synthese, die jeden Individualisten begeistert. Jedem Wunsch entsprechend, wird der **targa** in allen Modellversionen geliefert.
targa
...vielseitig und elegant, vier Wagen in einem...

S-PS 160

Some day, all convertibles will have a roll bar.
At last. The basic problem of open car safety has been solved. With a roll bar fully integrated into the total design of the car.
The new Porsche Targa is the first production-series convertible to have it. Like all Porsches, the distinctive new Targa is rugged, racing-inspired and designed to be driven hard and fast—with maximum safety.
For years, roll bars have been standard equipment on all open racing cars. In the Targa—appropriately named for the punishing Sicilian mountain road race that's become one of Porsche's most successful proving grounds—the built-in roll bar provides race-track protection for everyday driving. It also separates top and back, so you can use either part without the other, if you wish. Porsche offers the Targa in three versions, each with the same engine and equipment as the corresponding Porsche coupe: the 912, 911 and 911L.

↓ Wer den hier vorgestellten Sportwagen kaufte, bekam für den Aufpreis von ein paar Handgriffen drei weitere dazu: So ähnlich jedenfalls erklärte Porsche 1965 sein revolutionäres Targadach.

Offen? Geschlossen?
Offen gesagt, beides.

Der 911 Targa.

Er ist geschlossen und offen zugleich. Er definiert Freiheit so individuell, wie sie nur ein 911 definieren kann.

Sein innovatives Glasdach läßt sich nach unten absenken und, je nachdem, wieviel Freiheit Sie gerade brauchen, ganz oder teilweise nach hinten fahren. Per Knopfdruck. Bei jeder Geschwindigkeit.

Durch das Glasdach haben Sie selbst bei geschlossenem Zustand das Gefühl, im Freien zu sitzen. Bei geöffnetem Dach schützt Sie ein separater, automatisch ausfahrender Windabweiser vor Luftturbulenzen. Für zugfreies Fahren und weniger Nebengeräusche. Das Glasdach ist getönt und mit einem elektrischen Kälte- und Sonnenschutzrollo versehen. Da es komplett in der Karosserie geführt wird, bleibt einerseits die typische Linie des 911 erhalten – andererseits wird die typische Silhouette des 911 Targa unterstrichen. Die Betätigung erfolgt über einen Kippschalter in der Mittelkonsole. Das Glasdach wird zunächst abgesenkt und kann dann problemlos und stufenlos in jede Position gefahren werden.

Daß trotz aller Schönheit die Funktionalität nicht zu kurz kommt, beweist außerdem die klappbare Glas-Heckscheibe. Sie läßt sich elektrisch entriegeln und ermöglicht einen hervorragenden Zugang zur Fondablage. Sie wird vom Innenraum aus oder per Fernbedienung im Fahrzeugschlüssel betätigt.

Aus Sicherheitsgründen kann die Glas-Heckscheibe nur bei geschlossenem Glasdach geöffnet werden. Genauso wie das Öffnen des Glasdachs nur bei geschlossener Heckscheibe möglich ist.

Insgesamt erzeugt das Dach eine optische Durchgängigkeit des Themas Glas. Von der Front- bis zur Heckscheibe. Das unterstreichen außerdem die Windlaufblende zwischen Frontscheibe und Glasdach sowie die seitlichen Dachblenden, die unabhängig von der Außenfarbe Ihres 911 Targa schwarz hochglänzend lackiert sind.

Der 911 Targa. Eine Ausnahmeerscheinung. Und ganz 911.

· 24 ·

· 25 ·

↑ Neue Zeiten, neues Targa-Konzept: Ein per Knopfdruck versenkbares Glasdach und eine klappbare Glas-Heckscheibe dürfen gerne erklärt werden – wie hier im Prospekt des 911 (Generation 996).

TARGA
INSPIRED
TARGA
INSPIRED
TARGA
INSPIRED
TARGA

Das Targa-Konzept fand schnell zahlreiche Nachahmer in der Welt des Automobils. Auch Porsche selbst bediente sich bei seiner Idee des Sicherheitscabriolets für weitere Modelle, ohne allerdings den Begriff Targa zu verwenden. Aber auch ohne den offiziellen Namen sind die Verwandtschafts-verhältnisse dann schnell offensichtlich – egal ob es sich um ein Einsteigermodell handelt oder den schnellsten Sportwagen seiner Zeit.

PORSCHE MUSEUM
S GO 915H

← Mitte der Sechzigerjahre wünschte sich Ferry Porsche einen Einstiegs-Porsche, der jungen Nutzern einen günstigen Zugang zur Porsche Welt erlaubt. Das ideale Modell dafür fand er in Zusammenarbeit mit Volkswagen im 914.

914

Gemeinsam stark: Beim 914 übte Porsche erfolgreich den Schulterschluss mit Volkswagen. Gemeinsam brachten die beiden Unternehmen den ersten Mittelmotorsportler deutscher Herkunft in Serie: Porsche hatte sein gewünschtes Einstiegsmodell unterhalb des 911, VW einen Nachfolger für den Karmann Ghia.

BAUZEIT	*PREIS*	*LEISTUNG*	*STÜCKZAHL*
1970–1976	*11.955–19.980 DM*	*80–110 PS (58–81 KW)*	*118.696*

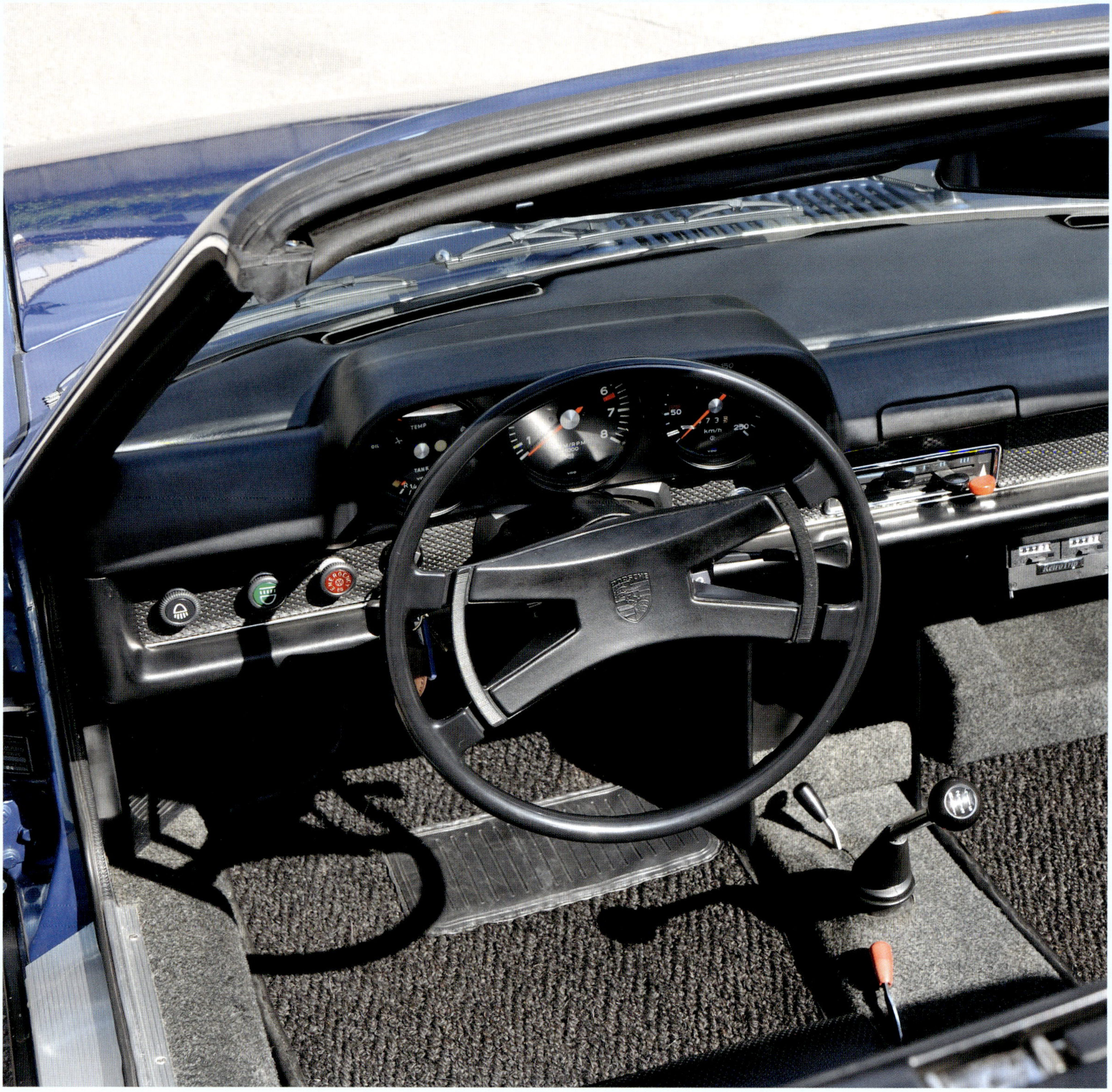

Das Design des 914 lag in der Verantwortung von Ferdinand Alexander Porsche und seinem Team. Der schließlich entscheidende Entwurf stammte von Heinrich Klie, einem seiner wichtigsten Mitarbeiter.

← Die für Porsche typische Fahrerzentrierung fand sich auch im 914 wieder. Das passte. Schließlich zeichnete sich so ein Mittelmotor-sportler durch sein präzises Handling aus.

↑ Offen, minimalistisch, stilsicher: Das Targa-Konzept des Elfers mit dem einfach zu entnehmenden Kunststoffdach passte perfekt zum Purismus des 914.

VW und Porsche waren familiär immer eng verbandelt. Anfang der Sechzigerjahre wuchs erstmals die Idee, auch bei der Modellentwicklung gemeinsame Sache zu machen. So entstand unter dem neuen Label VW-Porsche ein aufsehenerregender Mittelmotorsportler, mit dem VW sein Portfolio nach oben, Porsche dagegen nach unten erweiterte. »In der Zusammenarbeit von VW und Porsche wurde eine Sportwagenidee verwirklicht, zu der es in Leistung, Qualität und Preis kaum eine Alternative gibt«, schrieben die Werbetexter über den 914 im Premierenjahr 1969.

Die 80 bis 100 PS starken Vierzylinder-Varianten des 914 waren offiziell Produkte von VW, wenn im Fahrzeugbrief aber Dr. Ing. h. c. F. Porsche KG als Hersteller geführt wurde, waren sechs Zylinder mit 110 PS in der Wagenmitte. Den Motor des so genannten 914/6 spendete der große Bruder 911 T.

Günstiger als der 911, sollte der 914 den Einstieg in die Porsche Welt erleichtern. Seine Form war so schlicht, dass man sie dem Bauhaus-Begründer Walter Gropius persönlich zuschreiben möchte. Es war aber Heinrich Klie, Mitarbeiter und enger Vertrauter von F. A. Porsche, der den Entwurf beisteuerte. Porsche suchte ein minimalistisches Konzept für einen Sportwagen, der unkonventioneller als der 911 sein sollte, preislich dagegen erreichbar für die jüngere Kundschaft. Ein Speedster mit Behelfsdach wäre vermutlich die konsequente Wunschvorstellung gewesen, drohende Gesetze sowie Vorbehalte der Kundschaft aber schlossen diese Radikalität aus. Porsche griff zum Bügel-Konzept, welches zur Markteinführung des 914 längst enorme Zustimmung erfahren hatte. Der bereits renommierte Ausdruck »Targa« wurde im 914-Prospekt allerdings kein einziges Mal erwähnt.

Clevere Lösungen machten den 914 praktischer als den 911. Sein hartes Kunststoffdach ließ sich unter dem hinteren Kofferraumdeckel einhängen, nur wenige der 250 Liter gingen dadurch verloren. Addierte man den Stauraum vorne dazu, ergaben sich stattliche 460 Liter Gesamtvolumen.

Porsches erster Mittelmotorwagen nach dem 550 fiel durch radikale Proportionen auf: ungemein flach und beinahe symmetrisch in der Seitenansicht. »Skurril, aber unheimlich modern«, beschrieb der langjährige Porsche Chefdesigner Michael Mauer das Design des 914.

Der VW-Porsche wurde ein Erfolg. Bis 1976 wurden rund 115.000 Exemplare mit Vierzylinder bei Karmann gefertigt. Ein Großteil ging in die USA, wo sie unter dem Namen Porsche 914 verkauft wurden. Lediglich 3.351 Karosserien gingen bis 1972 von Osnabrück nach Stuttgart, wo sie mit Sechszylinder-Boxer und Porsche Fahrgestellnummer geadelt wurden.

← Clevere Einfälle machten den 914 zum idealen Allrounder. So ließ sich das Kunststoffdach so unter dem hinteren Kofferraumdeckel einhängen, dass kaum Stauraum verloren ging.

→ Die hochgezogenen Kotflügel mit den integrierten Blinkern waren nicht nur ein markantes Designmerkmal, sondern dienten dem Fahrer auch als ideale Orientierungshilfe zum Beispiel auf Passstraßen. »Peilkanten-Philosophie« sagen sie dazu in Zuffenhausen.

WARUM DER 914 EIN TYPISCHER PORSCHE WAR? WEIL ER NEUES AUSPROBIERTE. WEIL DIE FORM DER FUNKTION FOLGTE. UND WEIL ER DIE FRAGE, WAS MAN WIRKLICH BRAUCHT, UM BEIM AUTOFAHREN SPASS ZU HABEN, MIT EINEM MITTELMOTOR BEANTWORTETE.

→ Der unverwechselbare Zweisitzer mit dem charakteristischen Targa-Dach war vorwiegend für jüngere Käuferschichten gedacht. Vor allem in den Vereinigten Staaten wurde das Fahrzeug zum Verkaufsschlager.

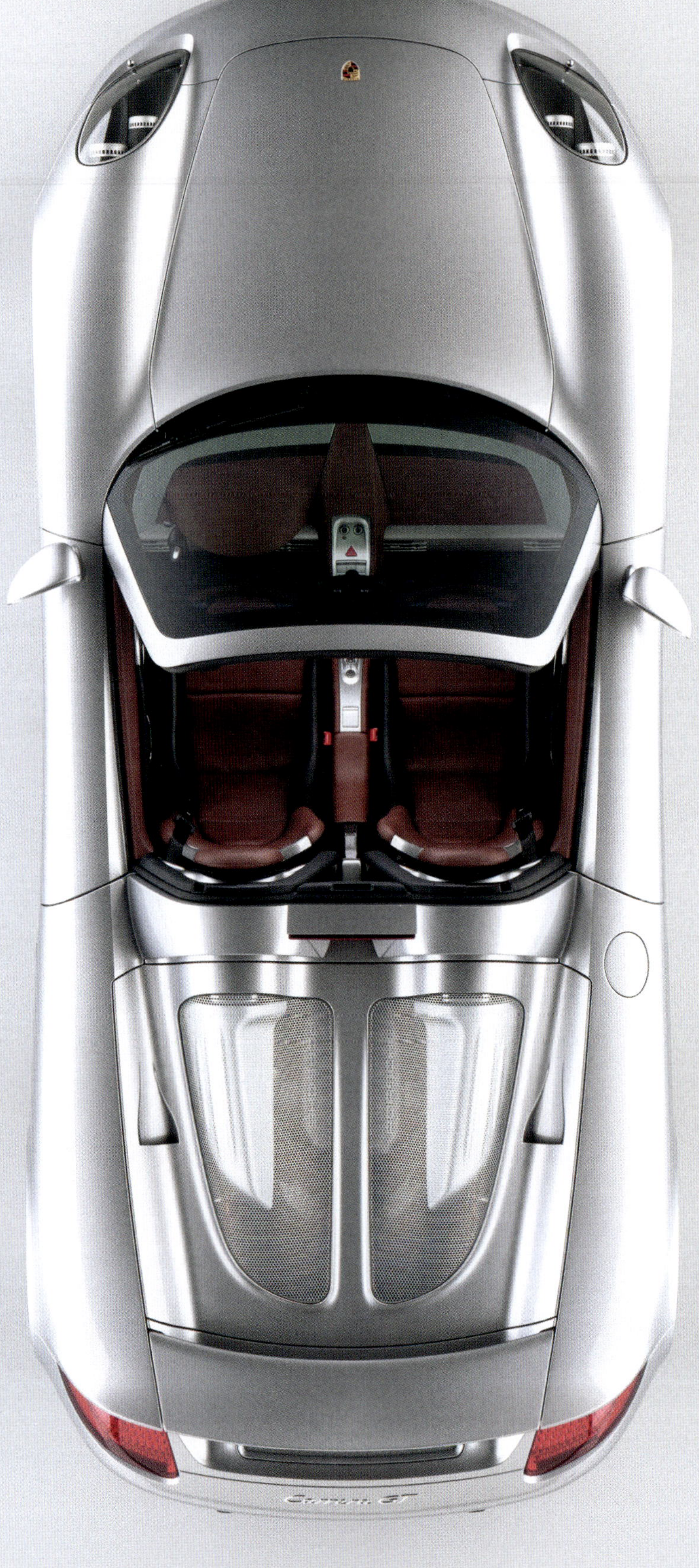

← Was macht man bei Porsche mit einem Motor, der dafür entwickelt wurde, das legendärste Rennen der Welt zu gewinnen, dafür aber dann doch nicht benötigt wurde? Man baut drumherum einen Supersportwagen für die Straße.

CARRERA GT

Im Hochleistungssportwagen von 2003 kam all das zusammen, was Porsche ausmacht: Leichtbau, Hochdrehzahl und Rennsporttechnik für die Straße. Und für das Dach wählten die Ingenieure das Targa-Prinzip mit zwei herausnehmbaren Dachhälften aus Kohlefaserkunststoff.

BAUZEIT	PREIS	LEISTUNG	STÜCKZAHL
2003–2006	452.690 EURO	612 PS (450 KW)	1.270

Der Typ 980 ist noch heute eines von Walter Röhrls Lieblingsmodellen von Porsche. Er hat das Fahrzeug auf der Nürburgring-Nordschleife abgestimmt und die Studie im September 2000 im Rahmen des Pariser Autosalons der Weltöffentlichkeit präsentiert. Auf einer der reizvollsten Bühnen, die man sich dafür vorstellen kann: die Champs-Élysées in Paris, eskortiert von französischen Motorradpolizisten. Der Carrera GT – so der richtige Name des Sportwagens – ging in die Automobilgeschichte ein, weil Porsche mit diesem Fahrzeug mal eben den Status quo der Sportwagen neu definiert hatte.

Dabei ist seine Existenz einzig einem »Nein« des Vorstandes zu verdanken – zu dem Projekt eines nagelneuen Rennwagens für das 24-Stunden-Rennen von Le Mans im Jahr 2000. Allerdings gab es zu diesem Zeitpunkt für das LMP-2000-Projekt bereits den passenden V10. Was machte Porsche also mit dem drehfreudigen und kompromisslosen 612 PS starken Rennmotor? Die Stuttgarter entwarfen einen Straßen-Supersportler – mit purer Renntechnik wie Hinterachs-Federbeinen, die am Getriebegehäuse befestigt wurden, Keramik-Bremse, Zweischeiben-Renn-Keramikkupplung, Felgen aus geschmiedetem Magnesium und einer Kohlefaser-Karosserie, unter der mehr als 70 neue Patente steckten.

FÜR DIE VORSTELLUNG DER STUDIE CARRERA GT SUCHTE SICH PORSCHE DIE SCHÖNSTE ALLER BÜHNEN AUS: DIE CHAMPS-ÉLYSÉES IN PARIS. WALTER RÖHRL PILOTIERTE DIE WELTSENSATION VOM ARC DE TRIOMPHE ZUM LOUVRE.

In seinem Design war das erste Serienfahrzeug der Welt mit Kohlefaser-Monocoque klar als Porsche zu erkennen, emanzipierte sich mit seiner flach gezogenen Schulterlinie aber selbstbewusst vom markenprägenden 911. Dabei machten die sichtbare Motortechnik, der ausfahrbare Heckflügel oder die Finnen des Heckdiffusors unmissverständlich deutlich, dass es sich hier um einen Hochleistungssportwagen handelte.

Natürlich war bei so einem Projekt auch Leichtbau Pflicht – von den aus Kevlar gefertigten Sitzschalen bis zur Dachkonstruktion, für die sich die Ingenieure beim Targa-Konzept aus den Sechzigern bedienten und mit zwei aus Kohlefaserkunststoff gefertigten Dachhälften umsetzten. So kam der Carrera GT auf nur 1.380 Kilogramm – was einem Leistungsgewicht von 2,25 Kilogramm pro PS entsprach. Damit katapultierte sich der Supersportler in nur 3,9 Sekunden auf 100 km/h, erst bei 334 km/h war die Höchstgeschwindigkeit erreicht.

← Leichtbau, auf das Wesentliche reduziert: Das Dach des Carrera GT besteht aus zwei herausnehmbaren, in Kohlefaserkunststoff ausgeführten Hälften.

→ Beim Carrera GT gibt es keinen durchgehenden, klassischen Targa-Bügel: Der Überrollschutz ist vielmehr mit zwei Bügeln ausgeführt, die im komplett aus Carbon gefertigten Monocoque integriert sind.

S GO 612

Roland Kussmaul, ehemaliger Testfahrer und Ingenieur bei Porsche: »Der Carrera GT ist eine Essenz unserer Philosophie: Motorsport ernst nehmen, Herkunft verstehen – und beides in Bewegung übersetzen.«

↑ Zeitlos modern: »Dieses Auto ist ein Geschenk an alle, die wissen wollen, woher Porsche kommt – und wohin wir wollen. Wir haben Motorsport in seiner reinsten Form genommen – und ein Straßenauto daraus gemacht«, sagte Tony Hatter, verantwortlicher Exterieur-Designer des Carrera GT, anlässlich des 25-jährigen Jubiläums der Weltpremiere.

S GO 433

← Frank-Steffen Walliser, seinerzeit Leiter des 918 Spyder-Projekts, bezeichnete den Sporthybriden schlicht als »the most complete hypercar«.

918 SPYDER

Der Name sagt eigentlich alles: Die »918« positioniert den Supersportwagen zwischen den beiden Le-Mans-Legenden 917 und 919 Hybrid, das »Spyder« verweist zudem auf den RS Spyder. Und mit dem Hybrid eröffnet das Über-Auto zudem die elektrifizierte Zukunft.

BAUZEIT	*PREIS*	*LEISTUNG*	*STÜCKZAHL*
2013–2015	*768.026–839.426 EURO*	*887 PS (652 KW)*	*918*

WIE BEIM CARRERA GT VERFÜGT DER 918 SPYDER ÜBER EIN ZWEITEILIGES DACH AUS LEICHTEM CARBON, DAS SICH EINFACH IM KOFFERRAUM VERSTAUEN LÄSST. DIE B-SÄULE GEHT DABEI FLIESSEND IN DIE IMPOSANTEN SEITLICHEN LUFTEINLÄSSE ÜBER.

Geschwindigkeit, Performance, Höchstleistung: Dafür ist Porsche bekannt. Allerdings wird das normalerweise mit den Fahrzeugen selbst gleichgesetzt. Beim Supersportwagen 918 Spyder aber traf dieser Dreiklang insbesondere auch auf die Entwicklung des Fahrzeugs zu. Das Konzeptfahrzeug wurde im März 2010 auf dem Genfer Auto-Salon vorgestellt. Kurz darauf erfolgte der Beschluss, das Fahrzeug in Serie zu bringen. Im September 2013 wurde es auf der IAA in Frankfurt vorgestellt und im darauffolgenden November bereits ausgeliefert. Und das bei einem Hochleistungssportwagen mit Hybridantrieb, den es in dieser Form zu diesem Zeitpunkt noch nicht gab. Um das Projekt in der gewünschten Zeit zum Erfolg zu bringen, stellten sie bei Porsche alles auf den Kopf, dachten Teamstrukturen und Prozesse neu und orientierten sich in allen Bereichen am Motorsport – bis hin zum Teamspirit.

Das Ergebnis war – um es mit den Worten des damaligen Projektleiters Frank-Steffen Walliser zu sagen – »the most complete hypercar«. Das war wie folgt motorisiert: Ein gezähmter 4,5-Liter-V8-Rennmotor aus dem LMP2-Fahrzeug RS Spyder mit 608 PS wurde unterstützt von einem E-Motor mit 129 PS vorne und einem weiteren mit 156 PS hinten. Das ergab eine Systemleistung von 887 PS und 1.280 Newtonmetern. Der Sprint aus dem Stand auf 100 km/h war nach 2,6 Sekunden erledigt, die Höchstgeschwindigkeit lag bei 345 km/h.

Vor allem aber wurde die Zusammenarbeit der E-Motoren mit dem V8 durch ein intelligentes elektronisches Management gesteuert, dessen Konzept auf Erkenntnissen basierte, die Porsche mit dem 911 GT3 R Hybrid im Renneinsatz gesammelt hatte. Damit ließen sich vom rein elektrischen emissionsfreien Gleiten durch die City bis zur kompromisslosen Abstimmung für die Rennstrecke alle Zwischentöne perfekt orchestrieren. Die weiterentwickelte »Boost«-Strategie steuerte den Energiehaushalt des Elektroantriebes so intelligent, dass für jeden Spurt mit voller Beschleunigung die uneingeschränkte Gesamtleistung des 918 Spyder einfach durch vollen Druck aufs Gaspedal abrufbar war. Vor allem aber ließen sich durch die zusätzlich angetriebenen Vorderräder extrem hohe und sichere Kurvengeschwindigkeiten realisieren. Die gesamte tragende Karosserie war dafür aus kohlefaserverstärktem Kunststoff extrem verwindungssteif ausgelegt und in Targabauweise mit zwei abnehmbaren Dachhälften konzipiert.

Dieses Gesamtpaket ermöglichte es Marc Lieb am 4. September 2013, mit dem 918 Spyder in 6:57 Minuten als erstem Seriensportwagen die Sieben-Minuten-Marke auf der Nordschleife des Nürburgrings zu unterbieten. Das hatte natürlich seinen Preis: In der Basisversion kostete der 918 Spyder knapp 770.000 Euro, mit dem gewichtsreduzierten Weissach-Paket rund 840.000 Euro. Damit war der auf 918 Exemplare limitierte Supersportler zu jenem Zeitpunkt das teuerste Auto aus deutscher Serienproduktion.

→ Aus der Vogelperspektive fallen nicht nur die beiden imposanten Endrohre ins Auge, auch die auf die Bedürfnisse des Supersportwagens zugeschnittene Interpretation des Targa-Prinzips offenbart sich.

← Der Designer Otl Aicher soll einmal über den 911 gesagt haben: »Er fährt, auch wenn er steht.« Was er wohl über den 918 Spyder gesagt hätte?

Beim 918 Spyder genügt bereits ein Blick auf die Optionsliste, um zu erkennen, dass es sich hierbei um ein Über-Auto handelt: Liquid-Metall-Lack 47.600 Euro, Lederausstattung 23.800 Euro, Kofferset 17.731 Euro, Kohlefaser-Fußmatte für den Beifahrer 1.190 Euro.

»WIR SAGTEN IMMER, WIR REDUZIEREN DAS GANZE AUF GENAU DREI ZIELE: RUNDEN-ZEIT, KRAFTSTOFF-VERBRAUCH UND DAS SHOWCARDESIGN. DEM HABEN WIR ALLES UNTERGEORDNET.«

FRANK-STEFFEN WALLISER, VON 2010 BIS 2013 LEITER DES 918 SPYDER-PROJEKTS

↑ Sicher auf allen Strecken: Das Fahrwerk ist in konsequentem Leichtbau mit rennsporterprobtem Achskonzept ausgeführt, die serienmäßige Hinterachslenkung garantiert dabei optimale Dynamik und Fahrstabilität.

Ein Sechszylinder-Boxer aus Zuffenhausen ist als Basis-Soundtrack für einen Roadtrip keine schlechte Wahl. Es schadet aber nicht, wenn ein paar Pop-ikonische Takte das Roadmovie-Feeling unterstreichen – vor allem dann, wenn es um die Offenheit des Seins geht, für das insbesondere ein 911 Targa steht.

3

INTO THE GREAT WIDE OPEN

HEITER BIS WOLKIG

FOTOS
MARKUS WENDLER

Genau genommen ist der Targa das beste Fahrzeug für einen Besuch in Hamburg. Dort gilt das Wetter gemeinhin als wechselhaft, um es nett zu sagen – wobei die Hanseaten das Gerücht streuen, es würde immer regnen, damit sich die Anzahl der Touristen im Rahmen hält.

→ Etwa 100.000 Fahrzeuge passieren täglich die Neue Elbbrücke, die zwischen 1884 und 1887 entstand, weswegen Hamburgs Einfallstor ständig saniert wird.

WAS HAMBURGER GERNE ERWÄHNEN: DIE STADT HAT ETWA 2.500 BRÜCKEN – UND DAMIT MEHR ALS VENEDIG, AMSTERDAM UND STOCKHOLM ZUSAMMEN.

S GO 230H

Tatsächlich ist Hamburg nicht nur die Cabrio-Hochburg in Norddeutschland, auch die Anzahl der Classic Cars steigt. Inzwischen sind hier mehr als 41.000 Autos unterwegs.

↓ Der Jungfernstieg in Hamburg erhielt 1931 seinen Namen, weil Familien am Sonntag hier mit ihren unverheirateten Töchtern flanierten.

Porsche Museum
S GO 230H

← Wenn man es nicht besser wüsste, könnte man unterstellen, dass die Niederbaumbrücke mit ihren Bögen die Flyline des 911 inspiriert hat.

Nachts in der Stadt und die Frage: Form, was ist das? Der 911 Targa liefert die Antwort.

TARGET

TARGA

Was wiederum zu der These führt, dass auch Platon sich für einen Targa entschieden hätte.

Im Dunkel der Nacht ein Licht. Ein Porsche 911 Targa, rot, auf den leeren Straßen. Städtekino. Kein Lärm, kein Spektakel. Nur Form, Bewegung, Gleichmaß. Es ist nicht Geschwindigkeit, die hier Adrenalin erzeugt, sondern das Verstärken milder Empfindungen. Kontraste verschwimmen, Farben glühen im Halbdunkel, Geräusche verklingen. Versöhnung mit der Welt – und die Frage: Form, was ist das?

Der 911 liefert da über Jahrzehnte zuverlässig und nachvollziehbar gute Antworten. Dabei ist es völlig legitim, den Targa hervorzuheben. Die saubere Elfer-Linie ohne Spoiler, markant akzentuiert durch den Bügel, offenes Dach, sanfte Radien, breite Backen, horizontales Leuchtenband am Heck. Das Einmaleins des Sportwagen-Kennenlernens. Es ist die Idee, der Welt und ihren tagtäglichen Anforderungen mit Charisma, einer ordentlichen Portion technischer Chuzpe und einer gewissen Unvoreingenommenheit zu begegnen. Das verkörpert kaum ein Auto besser als der 911 Targa. Er ruft seit mehr als 60 Jahren wie kaum ein anderer revolutionäre Gedanken hervor. Großer Stoff: Aufstieg und Fall eines Helden, eine Katharsis, die sich über drei Generationen zieht, und das alles überstrahlende Comeback. Das ist die Targa-Story.

Seine Geschichte ist bekannt, sie wurde oft erzählt. Was bleibt, ist die Idee dahinter. Der Targa steht für eine Lösung, die aus Zwang heraus entstand und zur Ikone wurde. Er ist das Beispiel dafür, dass technische Notwendigkeit und ästhetischer Wille sich gegenseitig beflügeln können – und dass Design manchmal länger überlebt als die Gründe, die es bedingen.

Denn erst mit der Rückkehr des Bügels zur Generation 991 fand der Targa wieder zu sich

Platon wäre vermutlich Targa gefahren. Und er hätte den Dachmechanismus mindestens ebenso gewürdigt wie die Form.

selbst und lieferte einen herrlichen Beweis dafür, weshalb Design Verkaufsgrund Nummer eins ist. Ein Stück Ingenieurskunst wurde zum Symbol. »Stellen Sie sich vor, Sie treffen Ihre Jugendliebe wieder. Und sie ist noch schöner geworden.« Mit diesem Slogan bewarb Porsche den neuen Targa bei der Weltpremiere auf der Detroit Motorshow 2014.

Man ist geneigt, den alten griechischen Philosophen Platon heranzuziehen, der sprach nämlich einst von Formen als ewige, perfekte Beispiele weltlicher Dinge. Platon wäre vermutlich Targa gefahren. Und er hätte den Dachmechanismus mindestens ebenso gewürdigt wie die Form. Es ist dabei auch gar nicht die technische Schmeichelei eines teuren Sportwagens. Nein, es ist das Schauspiel, das einem in 19 Sekunden nahezu alles über die Conditio humana, also diese besonderen Wesensmerkmale des Menschen, sagt, die uns gegenüber anderen Lebensformen abgrenzen. Nur der Mensch kann sich so etwas ausdenken.

Die Pointe? Es ist die umgekehrte Geschichte des Targa-Bügels. Denn die ausgeklügelte Technik hinter diesem spektakulären Dach-Klapp-Verschließmechanismus musste vor allem auch deshalb entwickelt werden, um das Design möglich zu machen.

»STELLEN SIE SICH VOR, SIE TREFFEN IHRE JUGENDLIEBE WIEDER. UND SIE IST NOCH SCHÖNER GEWORDEN.« MIT DIESEM SLOGAN BEWARB PORSCHE DEN NEUEN TARGA BEI DER WELTPREMIERE AUF DER DETROIT MOTORSHOW 2014.

↓ Die Belichtungszeit der Kamera prägt die Dynamik: In Wahrheit rollt der 911 Targa hier sehr entspannt durch die Blaue Stunde in Stuttgart.

Großer Stoff: Aufstieg und Fall eines Helden, eine Katharsis, die sich über drei Generationen zieht, und das alles überstrahlende Comeback. Das ist die Targa-Story.

Der Targa verkörpert die Idee, der Welt und ihren tagtäglichen Anforderungen mit Charisma und einer gewissen Unvoreingenommenheit zu begegnen.

DIE INSEL

Unterwegs auf Sylt. Mit dem 911 Targa 4S (Typ 991).
Wegen der frischen Luft. Und weil man
hier so schön den Song von den Ärzten hören kann.

DIESE EINE LIEBE WIRD NIE ZU ENDE GEH'N

FOTOS / STEFAN BOGNER

Für die Überfahrt mit dem eigenen Auto nach Sylt wird der DB Sylt Shuttle oder der Blaue Autozug genutzt. Für PKWs bis sechs Meter Länge kostet eine einfache Fahrt ab 74 Euro, Hin- und Rückfahrt ab 125 Euro (Terminalpreise). Die Preise können abhängig von Buchungsweg, Fahrzeugtyp und Saison variieren und online deutlich günstiger sein.

OH, ICH HAB' SOLCHE SEHNSUCHT
ICH VERLIERE DEN VERSTAND
ICH WILL WIEDER AN DIE NORDSEE
ICH WILL ZURÜCK NACH WESTERLAND

Die Single »Westerland« der Ärzte wurde von Farin Urlaub geschrieben und erschien 1988 auf dem Album »Das ist nicht die ganze Wahrheit ...«. Natürlich war der Song als Persiflage auf die Insel gedacht, wurde von den meisten allerdings immer ganz ironiefrei mitgesungen.

MANCHMAL SCHLIESSE ICH DIE AUGEN STELL' MIR VOR, ICH SITZ' AM MEER DANN DENK' ICH AN DIESE INSEL UND MEIN HERZ, DAS WIRD SO SCHWER

S PT 1341

50
PORSCHE

← Die Startnummer im Lollipop und der IROC-Schriftzug erinnern an die Rennvarianten des 911. Außer in Cherrymetallic gab es das Modell noch in GT-Silbermetallic, Schwarz, Indischrot und Kreide.

FOTOS
KIRILL KIRSANOV,
MICHAEL KÖCKRITZ,
MATTHIAS MEDERER
RAMP.PICTURES

ZEIT REISE

Mit der 911 Targa 4S Heritage Design Edition kam 2020 ein auf 992 Exemplare limitiertes Sondermodell auf den Markt, das klassische Designmerkmale der Fünfziger- und Sechzigerjahre modern interpretiert. Was man heute noch sehen kann: wie anziehend es ist, wenn Vergangenheit und Gegenwart präzise miteinander verschränkt werden.

↑ Wer genau hinsieht, erkennt das Wappen des Ur-911 von 1963 bei dem Heritage-Modell auf der Haube, dem Lenkrad und auf den Radnaben-abdeckungen der 20/21 Zoll 911 Carrera Exclusive Design Räder.

DIE FAKTEN: EIN 3,0-LITER-TWIN-TURBO-BOXERMOTOR MIT 443 PS, BASIEREND AUF DEM 992 TARGA 4S. WAHLWEISE MIT 8-GANG-PDK ODER 7-GANG-SCHALTGETRIEBE. 0-100 KM/H IN 3,4 SEKUNDEN, HÖCHSTGESCHWINDIGKEIT RUND 304 KM/H.

KLEINE VERBEUGUNG VOR DER VERGANGENHEIT: DIE GOLDFARBENEN SCHRIFTZÜGE AN DEN B-SÄULEN UND AM HECK. KLEINER HINWEIS FÜR DIE ZUKUNFT: MIT DEM GOLD WURDEN VON DIESER SONDERSERIE AN ALLE HERITAGE DESIGN MODELLE VEREDELT.

50
PORSC

..TARGA BÜGEL TIEFE

TARGA BÜGEL TIEFE

DER 911 TARGA 4 GTS T-HYBRID VON 2025 IST NICHT EINFACH EIN WEITERER 911. ER IST BÜHNE, BRECHUNG UND BEFREIUNG ZUGLEICH.

FOTOS
MATTHIAS MEDERER · RAMP.PICTURES

Eine nahezu endlose Fahrt durch die Stadt, dann durch grüne Landschaften, Straßen, die den Berg hochführen, irgendwann an einer Hütte oder einem Haus enden. Abgelegen, weit oben und weit weg von jeder Gemeinde, dort, wo es schwer wird, den Dialekt der Menschen noch zu verstehen, und es unmöglich ist, sich als einer von ihnen auszugeben.

Das Auto: ein Porsche 911 Targa. In diesem Fall der GTS mit Allrad. Generation 992.2 – hybridisiert! Erstmals in der Geschichte des 911 überhaupt. Dieser Bericht kann sich also nicht einfach einreihen in andere Berichte. Deshalb gleich zu Beginn die steile These: Der Targa ist der 911 für den intellektuellen Humoristen.

Haha!

Die Beweisführung? Mal schauen. Die Wahrscheinlichkeit, dass beim 911 Targa vor lauter Fahren keine Zeit für theoretisches Belegen oder gar ein fundiertes Literaturverzeichnis bleibt, ist groß. Standesgemäß bestimmt beim Elferfahren ja immer die Blickführung das, was der Fahrer versteht. Doch es gibt beim Targa immer etwas mehr zu sehen – ganz naheliegend oben bei geöffnetem Dach. Da ist der Himmel, das Vorbeiwischen von Blattwerk, da sind Wolken, die Äste der Bäume, die Felsen eines Bergmassivs ... Immer mal wieder der Blick zur Seite, durch das offene Fenster. Auch dort: verschwommener Hintergrund. Das Fixieren von etwas Konkretem ist eher schwierig – vor allem nicht bei Landstraßentempo. Aber man kann mit dem Targa natürlich auch sehr gut langsam fahren.

Fachsimpelei an der Tanke. Schlaksig hochgeschossener Typ, dunkelgrünes Käppi, teure Uhr mit blauem Zifferblatt, beige Chino und Turnschuhe, manikürte Finger. Erzählt von seinem Abo einer Fachzeitschrift, listet dann ungefragt die Historie des 911 Targa auf, versucht, durchklingen zu lassen, dass er schon ein paar »ganz gute Autos« hatte. Das mit dem Hybrid interessiert ihn. »Da hat man ja viel von gelesen.« Er ist überrascht, als man ihm mitteilt, dass es beim Fahren eigentlich kein großes Thema ist.

»Echt jetzt?« – »Echt jetzt.«

Kann er nicht glauben. Man müsse das doch spüren, meint er. Und überhaupt, wenn man so völlig lautlos fahren könne im 911, sei das etwas Außergewöhnliches! Den dezenten Hinweis, dass der Targa im Modus »Sport Plus« ja gar nicht rein elektrisch fahren kann, versteht er natürlich sofort.

»Haha!«

Zurück auf die Straße. Die Perspektiven wechseln sich ab. Der Blick nach vorne. Der Blick nach oben. Der Blick zur Seite. Und auch, immer wieder, der Blick nach hinten – über den Rückspiegel durch diese gewölbte Scheibe. Man sieht im Gegensatz zur Blickrichtung nach vorne in den Raum hinein. Es ist die Flucht aus dem Raum, wie eine umgedrehte Sogwirkung. Dagegen erhält der klassische Sog der Blickrichtung nach vorne eine vibrierende Überhöhung im Auf und Ab der Straße, im Spiel der Bodenwellen mit dem straffen Fahrwerk. Es ist ein meditatives Sehen am Steuer. Das gilt für alle 911.

Keine Frage: Der Targa gehört fahrend in die Welt – und so ist er auch gestaltet. Das bedingt einen weiteren Aspekt. Jede Kurve

Gleich zu Beginn die steile These: Der Targa ist der 911 für den intellektuellen Humoristen. Haha!

Das Fahren stellt einen ästhetischen Rausch dar: Der 911 Targa nimmt beim Fahren Formen des Vorüberziehens und Gleitens an, die den Verweis auf die nächste Kurve, die das nächste Beschleunigen bereits in sich tragen.

4GTS

Der geschwungene Kotflügel, die breiten Backen am Heck dürfen nie einfach nur für sich betrachtet werden, sondern müssen immer auch im Kontext gesehen werden.

der Straße wird so wichtig wie das Design des markanten Targa-Bügels. Schließlich zählt für die Wirkung zuerst einmal schlicht die Frage nach der Beschaffenheit von Oberflächen und Raum. Das wiederum führt dazu, dass man mehr sehen muss als nur Design. Der geschwungene Kotflügel, die breiten Backen der 992-Karosserie am Heck dürfen nie einfach nur für sich betrachtet werden, sondern müssen immer auch im Kontext – beim Durchfahren einer schönen Kurve und vor dem Hintergrund schneebedeckter Berge bei Sonnenuntergang – gesehen werden. Jetzt werden die einen sagen: ja, eh klar! Andere sprechen vielleicht direkt von einem Paradoxon des simultanen Sehens. So oder so ist das ganz wichtig beim Targa. Kein anderer 911 ist optisch so schwer in einem sterilen Präsentationsraum unter Kunstlicht zu bewerten wie der Targa.

Erst an zweiter oder dritter Stelle steht die Frage, was für eine Handlung dazu passt. Hartes Anbremsen vor der Kurve oder doch lieber locker reinrollen? Knallharter Start mit Launch Control oder doch lieber die lässige Gangart? Der Fahrer erhält eine verloren gegangene Freiheit der Entscheidung zurück. Der Targa ist vielleicht der 911, der die Blickführung beim Fahren am wenigsten streng und konsequent einfordert. Er gibt seinem Fahrer Wahlmöglichkeiten für die subjektive Konzentration. Er möchte gar nicht alles vorschreiben und scheint sich bewusst darüber, dass er es auch nicht kann. Targa-Fahren ist eine intelligente Form der Zusammenarbeit zwischen 911 und Fahrer. Auf der anderen Seite des Spektrums steht natürlich der GT3 RS, der wie kein zweiter 911 Kooperation einfordert. Und das schon auf dem Weg zum Bäcker.

Es geht also – und unbedingt – beim 911 Targa immer um die feinen Unterschiede in der Wahrnehmung innerhalb der 911-Familie, um auf etwas aufmerksam zu machen, und darum, wie der Targa diese Punkte zu einer eigenen Story verknüpft: das Fahren außerhalb des hektischen Handelns, oder – etwas abgehoben formuliert – ein gleichzeitiges Bewusst- und Überwältigtsein des bewegten Körpers. Nicht zuletzt auch im Sinne eines Öffnens des 911 hin zur Konzentration auf seine eigene ästhetische Wirkung – einerseits im Wortsinn durch das konkrete Öffnen des Targa-Daches, andererseits auf der Metaebene als Abstraktionsleistung jenseits des Fahrens.

Keine Frage: Der Targa gehört fahrend in die Welt – und so ist er auch gestaltet. Das bedingt einen weiteren Aspekt. Jede Kurve der Straße wird so wichtig wie das Design des markanten Bügels.

Das Fahren selbst wird so zu einem ästhetischen Rausch: Der 911 Targa nimmt beim Fahren Formen des Vorüberziehens und Gleitens an, die den Verweis auf die nächste Kurve, die das nächste Beschleunigen bereits in sich tragen. Der Rhythmus dieses 911 folgt keiner linearen Erzählung. Er schwebt auf der Stelle und bewegt sich dabei gleichzeitig in alle Richtungen. In dieser Auseinandersetzung von Form und Performance schärfen sich die Sinne – und Zeit- sowie Handlungsabläufe werden zur Nebensache. Der 911 Targa existiert ganz konkret mit seinem Nichtsein, mit dem, was er eben auch nicht zeigt oder nur andeutet.

In diesem Sinne ist Targa-Fahren ein perfektes Zwischengeschehen – zwischen der Vorstellung, seiner Geschichte und der Wahrnehmung von 911 und Körper.

Haha!

targa

**DEN MOMENT,
IN DEM MAN
DAS DACH DES
TARGA ABNIMMT,
VERGISST MAN
NICHT.
EIN GRIFF —
UND PLÖTZLICH:
HIMMEL.
DAS IST KEIN
TECHNISCHER
AKT, DAS IST EIN
STATEMENT.
EIN »JETZT«. EIN
»ICH WILL«.**

IMPRESSUM

a ramp book

HERAUSGEBER
Michael Köckritz

CHEFREDAKTEUR / CREATIVE DIRECTOR
Michael Köckritz

COO / HEAD OF RAMP MEDIA HOUSE
Cedric Pfaus

STELLV. CREATIVE DIRECTOR / ART DIRECTOR
Philipp Gentner

CHEF VOM DIENST / PROJEKTMANAGEMENT
Mario Puksec

TEXTCHEFIN
Wiebke Brauer

REDAKTION / MITARBEIT
Wiebke Brauer, Bernd Haase, Roland Löwisch, Matthias Mederer, Mario Puksec, Thomas Wirth

BILDREDAKTION
Antonietta Procopio

GRAFIK
Carmen Krafft, Carolin Watzlawik

LITHOGRAFIE
Sven Barucha

LEKTORAT
Korrekturbüro Burger, Tübingen
→ korrekturburger.de

MEDIA HOUSE
ramp.space GmbH & Co. KG
Obere Wässere 5
72764 Reutlingen
Teamassistenz
Andrea von der Ruhr
T +49 7121 433 04 - 700
info@ramp-space.com
→ www.ramp.space

PRODUKTION, DRUCK UND BINDUNG
Produktion: bookwise GmbH, München
Druck: Lanarepro, Lana

gpsr@ramp-space.com

BILDQUELLEN

Alle Bilder © Unternehmensarchiv Porsche AG außer:
S. 8, 10–11, S. 23, S. 224 © Lorenzo Kikisch; S. 14–15, S. 16–19 © Porsche AG; S. 26–27 © Matthias Mederer · ramp.pictures; S. 24–25 © Laurent Nivalle; S. 28–29 Steffen Jahn; S. 34–35, S. 40, S. 75 © Dominik Hildebrandt; S. 83 (o.l.) © Porsche AG; S. 91 © MoviestillsDB; S. 96 © Tim Boyle/Bloomberg/Getty Images; S. 103 © John Tlumacki/The Boston Globe/Getty Images; S. 110 © Trevor Collens-Pool/Getty Images; S. 118 © Alamy Stock Photo; S. 127 © Roberto Schmidt/AFP/Getty Images; S. 132 © Tyler Golden/NBC Universal/Getty Images; S. 134-137 © Porsche AG; S. 139 © SpaceX/Getty Images; S. 182–183 © Markus Wendler, S. 182 (l.o.), S. 183 (r.o.) © Matthias Mederer · ramp.pictures

EDITION PORSCHE MUSEUM